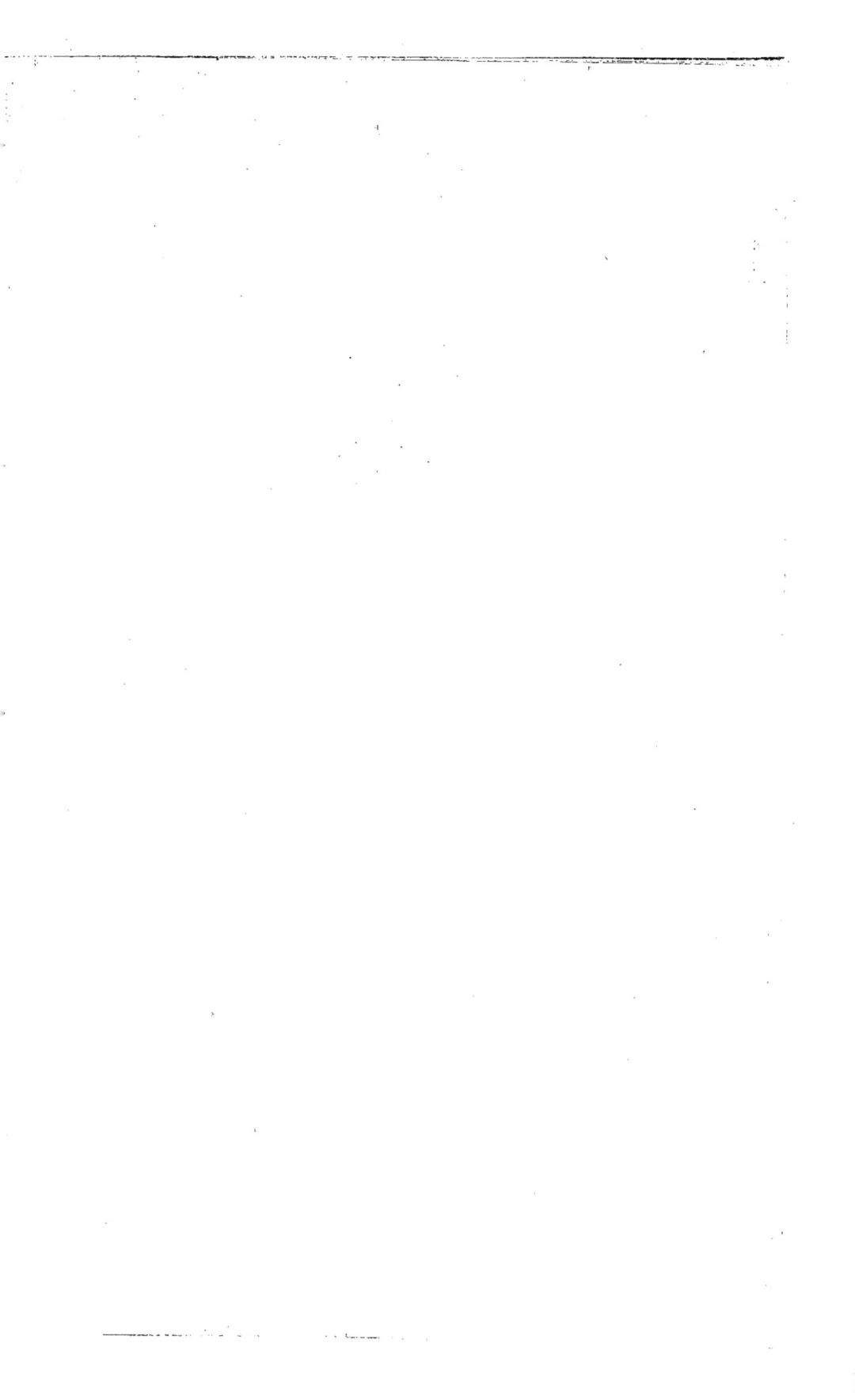

L'ALGÉRIE,

AU POINT DE VUE DE L'AGRICULTURE,

PAR

M. THÉOPHILE GUÉRIN,

Ancien Magistrat,

 Président de la Société d'Agriculture, des Belles-Lettres, Sciences et Arts de Rochefort (Ch.-Inf.)

ROCHEFORT,

IMPRIMERIE CH. THÈZE, RUE DES FONDERIES, 72.

—

1856.

31

ÉTAT DE L'AGRICULTURE EN ALGÉRIE.

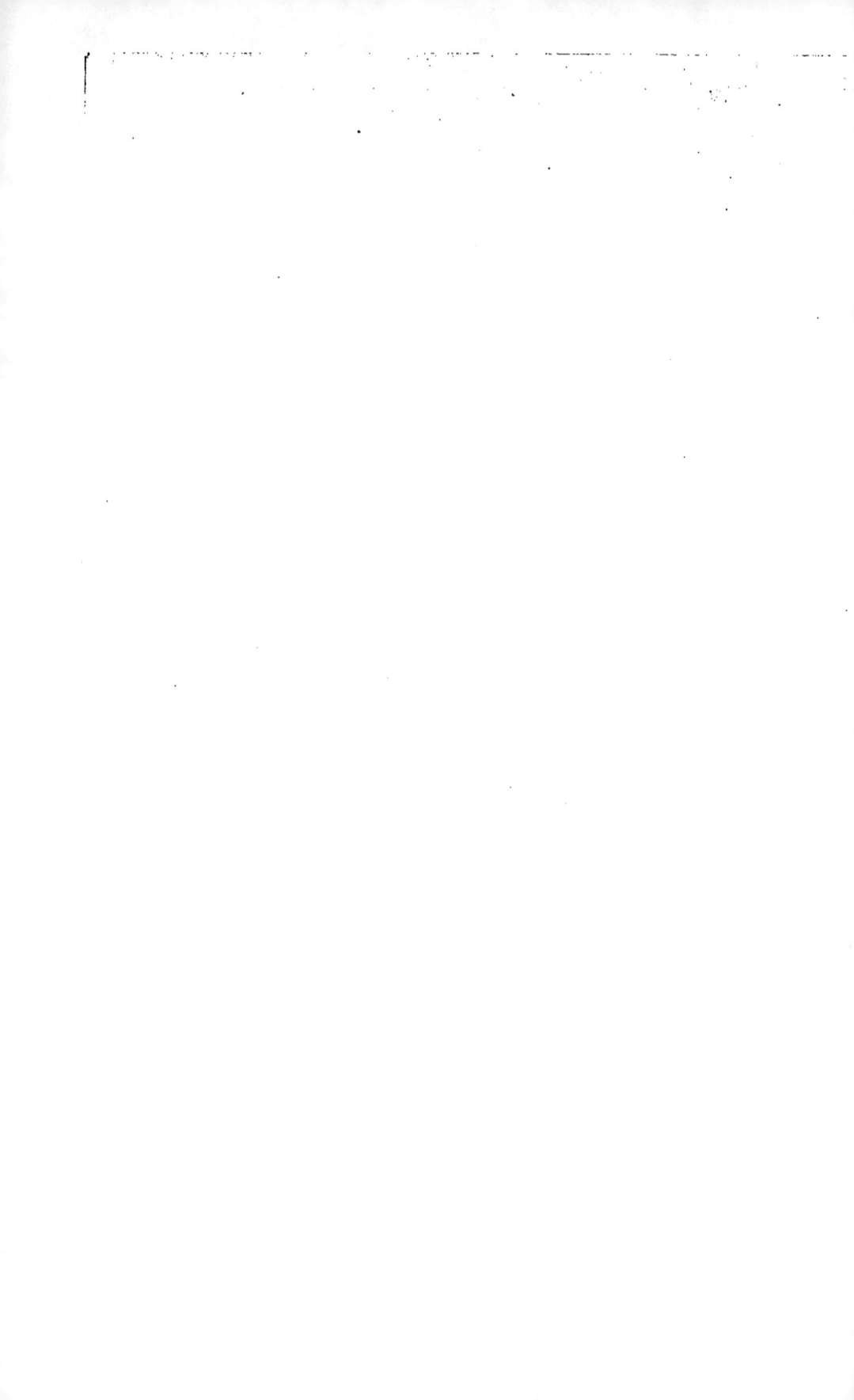

ÉTAT DE L'AGRICULTURE EN ALGÉRIE.

RAPPORT

PRÉSENTÉ A LA SOCIÉTÉ D'AGRICULTURE, DES BELLES-LETTRES, SCIENCES
ET ARTS DE L'ARRONDISSEMENT DE ROCHEFORT (CHARENTE-INFÉRIEURE),
PAR M. TH^le GUÉRIN, SON PRÉSIDENT.

Séance du 28 Mai 1856.

MESSIEURS,

Dans votre sollicitude des intérêts généraux de l'agriculture, et
aussi parce que vous avez compris toute l'importance que présente
à la France notre précieuse conquête Africaine, vous m'avez chargé,
au moment où j'allais me rendre, pour la quatrième fois, en Algérie,
d'étudier sérieusement ce pays au point de vue des intérêts agricoles,
de recueillir des renseignements et des faits, et de vous faire un
rapport, afin de vous édifier sur son état actuel et sur son avenir.

J'ai accepté cette mission avec d'autant plus d'empressement,
qu'appréciant moi-même, à toute sa valeur, cette fertile contrée
que la Providence, dans sa bonté inépuisable, a jetée comme un
riche présent aux mains de la France, j'éprouve le plus vif désir de
vous la faire connaître et de vous la faire apprécier aussi comme
elle le mérite. Si le soin de mes affaires personnelles ne m'a pas
permis de donner à mes études, quelle qu'ait été ma bonne volonté,
tout le temps qu'elles auraient rigoureusement exigé, j'ai cherché à

y suppléer, en puisant à diverses sources, dont quelques-unes sont officielles, de sorte que le travail que j'ai l'honneur de soumettre à votre intelligente appréciation, est, tout à la fois, le résultat de mes recherches personnelles, de renseignements que je dois à l'obligeance d'amis que j'ai lieu de croire sincères et bien instruits, et de nombreux relevés faits aux travaux de statistique publiés par les soins du ministère de la guerre.

Je vous apporte, non pas des phrases, mais des faits et des chiffres; je fais un rapport et non pas un discours ; et, comme le cadre que vous m'avez tracé, bien que se rapportant à une spécialité, présentait encore de vastes dimensions, j'ai fait des efforts pour éviter les longueurs inutiles et pour ne pas trop fatiguer votre bienveillante attention.

Puissent les renseignements et les aperçus que je vous apporte, vous faire partager mes sympathies pour ces fertiles contrées ; car elles sont destinées non seulement à augmenter la richesse et la puissance de notre belle patrie déjà si puissante et si riche, mais encore à lui fournir les moyens de résoudre rationnellement et progressivement les importants problèmes d'économie sociale, causes ou conséquences des graves évènements qui, depuis 1789, se sont succédés en France.

L'étude de l'Algérie, au point de vue agricole, est une étude très complexe : elle embrasse et implique une foule d'autres études. Comment, en effet, se rendre un compte exact de l'état de la culture dans un pays, de ce qu'elle est et de ce qu'elle doit être, sans avoir préalablement étudié la nature du sol, du climat, des plantes et des animaux.

Du sol qui, selon sa composition chimique, devient spécialement propre ou impropre à certaines cultures;

Du climat qui, par son action multiple, variée, incessante sur le sol et sur les plantes, modifie si diversement les aptitudes de l'un et les qualités des autres ;

Des plantes qui, sous l'action du sol et du climat, acquièrent des qualités toutes particulières et réagissent, à leur tour, sur les animaux qui s'en nourrissent;

Des animaux qui, sous l'influence de la nourriture qu'ils consomment et sous l'action du climat, acquièrent des qualités qui leur sont propres, des caractères spéciaux qui les distinguent des animaux de leur espèce vivant sur un autre sol et sous un autre climat, et forment ainsi des races spéciales.

De là, la nécessité de connaître : 1° la géographie physique du pays, comprenant sa division, sa géologie, les accidents du terrain, son élévation au-dessus du niveau de la mer, sa latitude ; 2° sa température ; 3° sa météorologie ; 4° son hydrographie intérieure et extérieure; 5° sa botanique; 6° enfin sa zoologie.

Avant donc de vous exposer ce qu'est et ce que doit être l'agriculture Algérienne, permettez-moi de vous dire rapidement un mot de toutes ces choses.

DIVISION GÉOGRAPHIQUE DU ROYAUME D'ALGER.

L'Afrique française se compose de trois régions bien distinctes : 1° le versant Méditerranéen du mont Atlas que l'on nomme le Tell ; 2° les hauts plateaux connus sous le nom de Petit Désert et compris entre les deux crêtes du Grand Atlas ; 3° enfin, le versant sud ou Saharien, ou le Grand Désert.

Au point de vue de la colonisation européenne, c'est sur la première partie seulement, *le Tell,* que nous devons porter notre attention; car un temps bien long devra s'écouler encore avant que l'intérêt de la colonie nous appelle à étudier et à utiliser les deux autres régions qui présentent à la colonisation européenne trop d'obstacles insurmontables aujourd'hui.

Le Tell. — Je ne vous parlerai donc que du Tell.

Cette partie de notre conquête s'étend de l'est, où elle confine avec la régence de Tunis, à l'ouest où elle a pour limite l'empire de Maroc ; au nord, elle est limitée par la partie occidentale du bassin Méditerranéen ; au sud, sont les hauts plateaux.

Dans la province de Constantine, le Tell est circonscrit entre le 35e et le 37e degré de latitude ; mais ce territoire, se resserrant du sud au nord, n'occupe plus, à sa jonction avec la province d'Alger, qu'un espace compris entre le 36e et le 37e.

La province d'Alger, en s'inclinant vers le sud, va joindre la province d'Oran dont les limites, à son extrémité occidentale, sont comprises entre le 34e et le 35e.

La profondeur du Tell, dans ces deux provinces, du nord au sud, ne varie guères au-delà d'un degré.

Le Tell, auquel on accorde une étendue d'environ 18,000,000 d'hectares, est une contrée essentiellement montueuse et fortement tourmentée ; une foule de gorges et de vallons donnent issue à d'innombrables cours d'eau descendant des montagnes.

Ses Plaines. — Sur plusieurs points les vallées s'élargissent ou se réunissent et forment de belles et vastes plaines dont les principales sont : dans la province de Constantine, la Seybouse, le Sétif ; dans la province d'Alger, la Mitidja et le Chélif supérieur ; enfin, dans la province d'Oran, le Chélif inférieur, la Mina, l'Habra, etc.

Ses Montagnes. — Ces nombreux accidents de terrain donnent naissance à des montagnes plus ou moins importantes dont je n'ai pas jugé à propos de noter ici les hauteurs. Je dirai seulement que le Jurjura s'élève jusqu'à 2,126 mètres ; c'est le point le plus élevé du Petit Atlas, et que l'Atlas, dans sa plus grande altitude, mesure 3,745 mètres.

Les pentes des montagnes ne sont pas généralement raides et abruptes, comme nos montagnes du midi : ces pentes, plus régulières, plus douces, plus allongées, sont presque partout couvertes de terre végétale, et par suite d'une luxuriante végétation.

Sa Température. — De ces nombreux accidents de terrain naissent les expositions les plus variées qui permettent, à des distances rapprochées, les cultures les plus diverses ; car la température , considérablement modifiée par l'exposition , varie comme celle-ci.

Les plaines les plus élevées sont vers le sud , et cependant leur température est inférieure à celle des plaines qui, quoique plus au nord , sont cependant plus chaudes , parce qu'elles sont plus basses et voisines de la mer ; aussi ces dernières sont-elles plus favorables à la culture de certaines plantes qui ne réussiraient pas transportées sur les plaines plus méridionales, mais plus élevées : la raison en est que dans celles-ci la saison des chaleurs n'est pas aussi longue , et que si la moyenne de la température de l'été y est supérieure à celle des plaines plus au nord , ces dernières, plus basses, offrent, au printemps et à l'automne, une température plus chaude qui donne, dans le cours de l'année , une température moyenne supérieure et surtout moins variable.

C'est ce que prouvent les observations suivantes faites simultané- ment à Constantine et à Alger :

SAISONS.	RÉCAPITULATION MOYENNE EN DEGRÉS CENTIGRADES.	
	A CONSTANTINE.	A ALGER.
Hiver.	10,2	19,3
Printemps.	12,2	20,41
Été.	26,5	24,3
Automne.	19,7	23,95

Ce qui donne la moyenne de 17° pour Constantine et de 22° pour Alger.

Dans les contrées où l'hiver et le printemps sont plus froids, le coton ne pouvant être planté d'assez bonne heure , n'a pas , malgré la température plus élevée de l'été, le temps qui lui est nécessaire pour atteindre la croissance, former ses capsules et les mûrir assez tôt pour permettre la récolte avant les pluies et les froids de l'automne ; aussi doit-on , dans ces contrées , s'abstenir de cette culture.

La garance et le tabac y prospèrent.

En résumé, en Algérie comme en Europe , l'étude des expositions présente une importance considérable à laquelle le cultivateur prudent doit porter toute son attention.

VENTS. — Parmi les vents auxquels se trouve exposée l'Algérie , le plus violent et celui qui cause le plus de désastres à la navigation, est celui du nord-ouest; il amène les pluies, les froids et les tempêtes ; il souffle pendant à peu près le tiers de l'année, principalement au printemps, à l'automne et en hiver; vient ensuite le vent du sud-ouest; les vents d'est, nord-est et sud-est, sont plus rares et infiniment plus faibles.

Les vents du nord-ouest et nord-est abaissent la température et amènent ordinairement les pluies ; les autres donnent le beau temps.

Le vent du sud , *sirocco, simoun, quebli ,* ou vent du désert , amène une chaleur suffocante et charrie un sable excessivement fin qui arrive en nuages rougeâtres jusqu'à la côte : il est très-nuisible à la végétation qu'il dessèche et flétrit ; il est quelquefois très-violent et cause des dégâts aux arbres et aux habitations dont il enlève les toîtures. Sur la côte, il ne souffle que huit ou dix fois dans l'année, ne dure souvent qu'une demi-journée , et jamais plus de trois jours. Dans les plaines de l'intérieur, et principalement de l'autre côté de l'Atlas , il est plus fréquent et surtout plus violent ; mais il est loin d'avoir, en Afrique , sur les hommes comme sur les animaux, cette action terrible qu'on lui a reconnue dans le Grand Désert et en Egypte. On s'en garantit, dans les maisons, en fermant avec soin les ouvertures.

PLUIES. — La saison des pluies commence vers la fin de septembre et se termine en février. Cette période fournit environ les 4/5mes de l'eau qui tombe en Algérie ; mars et avril sont aussi quelquefois assez pluvieux; rarement le mois de mai. Les mois de juin, juillet, août, sont ordinairement très-secs ainsi que la première partie de septembre.

Aussi la végétation se ressent-elle, à partir de la fin de juin, de la sécheresse du sol; les plantes annuelles spontanées se dessèchent, le sol est brûlé et devient nu, et les bestiaux ne se nourrissent plus que des chaumes desséchés des plantes; mais, pourvu qu'ils aient à volonté de la bonne eau à boire, ce régime sec est sans graves inconvénients pour eux, ils maigrissent, mais pour reprendre leur fraîcheur et leur embonpoint aux premières pousses de l'automne.

Quant aux plantes cultivées qui ne se coupent point en juin comme les céréales, telles que le coton et le tabac, elles continuent à végéter si elles n'ont été confiées à un sol profondément remué et soigneusement entretenu par des binages qui maintiennent la surface à l'état d'ameublement parfait : les terres ameublies et fortement amendées par des fumiers consommés craignent moins la sécheresse.

ROSÉES. — Des rosées abondantes, à défaut de pluies, rafraîchissent les plantes et le sol autant que pourrait le faire une petite pluie elle-même ; ces rosées ont d'autant plus d'effets que la surface sur laquelle elles tombent est plus meuble et plus perméable : elles commencent à tomber au coucher du soleil et ne se dissipent que quelques heures après son lever ; elles forment alors des brouillards épais qui, dans le voisinage des marais, sont malsains et occasionnent des fièvres et des dyssenteries.

Par suite de ces abondantes rosées, la température baisse considérablement à partir de deux heures du matin, et il est très-important de se mettre à l'abri de leur influence si l'on veut se conserver en bonne santé.

Dans les pays montagneux, les pluies sont plus abondantes et surtout plus également réparties dans les diverses saisons.

Une circonstance très-importante dans le climat de l'Algérie et qui mérite d'être notée, quoiqu'au premier abord elle ne paraisse pas présenter un grand intérêt, c'est l'absence presque absolue d'orages et leur innocuité. Cette circonstance est d'une immense importance pour le cultivateur.

En France, principalement dans le midi, il est certaines zones où les terres, quoique riches et fertiles, ont peu de valeur et sont à peine cultivées, à cause des ravages auxquels sont exposées les récoltes par les grêles et les pluies diluviennes qui les détruisent presque complètement en quelques heures.

Point de craintes semblables pour l'Algérie; là, point d'ouragans, point de grêles, l'air y est purifié par des vents presque constants, par les pluies abondantes de l'hiver, complètement dépouillées de ce caractère de dévastation qui les rend si redoutables sous la zone torride et les tropiques.

Sous le rapport du climat, l'Algérie se trouve, d'un côté, dans des conditions beaucoup plus favorables à la culture que bien d'autres contrées moins méridionales : là, point de ces sécheresses qui, comme en Espagne et dans la Provence, se prolongent pendant cinq à six mois consécutifs et sont encore aggravées par les vents desséchants du nord et du nord-ouest qui y soufflent fréquemment pendant l'été. D'un autre côté, la température toujours chaude de l'hiver, du printemps et de l'automne, rend l'Algérie très-propre à certaines cultures annuelles qui, telles que le coton, la canne à sucre, l'indigo, ne sauraient prospérer en France, ainsi qu'à la culture, en plein vent, de l'oranger, du citronnier, du bananier, du goyavier, etc.

Chaleur modérée, humidité atmosphérique suffisante quant à la quantité et assez également répartie, rosées abondantes, équivalentes, pendant les mois de sécheresse, à de petites pluies, enfin absence d'orage : tels sont les caractères généraux du climat Algérien.

Voyons si son sol et son hydrographie sont aussi favorables à la culture.

Son Sol. — Il n'entre point dans le cadre que j'ai à remplir d'étudier la constitution du sol Africain, au point de vue de la science géologique; je ne dois m'en occuper qu'au point de vue agricole, et, sous ce rapport, il serait difficile de trouver un sol qui, par sa composition comme par d'autres circonstances, fut généralement plus favorable à la production.

Le sol Algérien est en général d'une nature argilo-calcaire; profond sur les collines et même sur le sommet de quelques montagnes, il atteint, dans les plaines formées par les alluvions successives et anciennes, une profondeur considérable ; passant du sol sabloneux au sol plus compacte, il conserve partout, sauf quelques rares exceptions, assez de force ou de divisibilité pour donner naissance à la végétation la plus luxuriante.

Depuis longtemps abandonné par l'inculture à la végétation spontanée, de longues générations de plantes se sont succédé sur ce sol et l'ont enrichi, par leur décomposition, d'une abondante couche de matières organiques ; incessamment parcouru par de nombreux bestiaux, il s'est encore enrichi, de longue main, des déjections des animaux qu'il a nourris. Toujours couvert d'une végétation préservatrice, les eaux des pluies, au lieu d'entraîner au loin ces éléments de fécondité, les ont dissouts et les ont fait pénétrer avec elles dans la couche végétale. Aussi l'œil n'est-il nulle part attristé par la vue de montagnes pelées et arides, comme on en rencontre malheureusement d'immenses chaînes dans le midi de la France. Presque partout, les montagnes, sur leurs flancs comme sur leurs coupes arrondies, sont couvertes de bois et de verdure.

Sans avoir la prétention d'indiquer ici d'une manière absolue la fécondité relative des diverses parties de l'Algérie, je puis signaler, d'après l'opinion générale, comme beaucoup plus riches et plus fertiles, les environs de Bône, les terres comprises entre cette ville, Constantine et Philippeville, la majeure partie des plages de Bougie et de Djidjeli, la Mitidja, le Chélif, la Mina, l'Éghris, le Sig, l'Habra, les plaines de Sidi-Bel-Abbès et plusieurs vallées et plateaux de la subdivision de Tlemcen.

Son Hydrographie. — Dans tous les pays agricoles on connaît la valeur incroyable que l'eau ajoute aux terres qui peuvent la recevoir;

mais l'effet utile que produit l'irrigation est beaucoup plus considérable dans les pays chauds que dans les pays froids, et peut produire, dans les premiers, des résultats qui tiennent du prodige.

« Si deux de chaleur multipliés par deux d'eau ne donnent que
« quatre, » dit M. de Gasparin, « quatre de chaleur multipliés par
« quatre d'eau donnent seize ; de là l'effet miraculeux de l'irrigation
« dans le midi. »

Si, dans le midi de la France, l'eau produit sur la culture des
résultats si merveilleux, que ne doit-on pas en attendre en Afrique ?
Si, dans les parties montagneuses et froides du nord de la France,
les terres les plus pauvres et valant à peine quelques centaines de
francs, acquièrent de l'arrosage, une valeur de quatre à cinq
mille francs, quel prix devra-t-on assigner aux terres arrosées en
Algérie ?

On assure que, dans quelques parties du midi de la France, les
terres qui peuvent être convenablement arrosées ont une valeur de
dix à quinze mille francs l'hectare ; on ajoute que les prairies
arrosées se vendent, dans le Milanais, au-delà de quinze mille francs
l'hectare, et qu'une *oncia* d'eau (environ 40 litres par seconde) se
loue de mille à douze cents francs, et se vend de vingt-deux à vingt-
sept mille francs ; enfin, on trouve dans un ouvrage sur les irrigations
de l'Espagne, un fait cité par son auteur, M. Jaubert de Passa, qui
peut nous donner une idée de ce que l'on doit attendre de l'arrosage sous certaines latitudes. Il dit que des cultivateurs de Valence
avaient obtenu, d'une seule récolte, trois millions de piments qui,
au prix de 1 fr. 50 c. le millier, donnent un rendement, *par
hectare*, de 4,500 francs, outre les autres récoltes que le sol pourrait produire dans la même année.

L'étude de l'hydrographie Algérienne présente donc au cultivateur
un intérêt immense qui appellera l'indulgence de la Société sur le
développement que j'ai cru devoir donner à cette partie du rapport.

Ainsi que j'ai eu l'honneur de le dire, le Tell, fortement tourmenté,
comprend une foule de gorges et de vallons qui donnent issue à

d'innombrables cours d'eau. Dans leur course irrégulière, ces ruisseaux ou rivières se dirigent tantôt au nord, tantôt à l'est, tantôt vers l'ouest ou le sud, suivant les sinuosités des vallées, affluant les uns dans les autres, et se résumant, en définitive et en général, en quelques cours d'eau plus importants qui débouchent dans la mer. Quelques-uns sans issues, forment des lacs sur divers points de nos possessions; une infinité de sources qui, avec quelques soins, couleraient sur le sol et le féconderaient, fuient entre deux terres; d'autres s'épandent dans les campagnes et forment des marais plus ou moins considérables.

Sans doute ces diverses rivières, ruisseaux ou sources, ne débitent qu'un faible volume d'eau, si nous les comparons aux cours d'eau de l'Europe; mais d'un côté, ils sont si nombreux qu'en les utilisant, on pourrait arroser une proportion considérable du sol arable Africain, et de l'autre, la valeur de l'eau d'irrigation est telle en Algérie, que le plus faible ruisseau bien aménagé, peut produire les résultats les plus féconds et les plus inespérés.

Pour donner une idée de l'hydrographie Algérienne, j'avais commencé le tableau des principaux cours d'eau qui sillonnent l'Algérie et qui, descendant soit du Grand, soit du Petit Atlas, viennent, à travers le Sahell, se jeter dans la Méditerranée; ce tableau mentionnait, outre leurs noms, le lieu de leurs sources, leurs parcours, leurs affluents et leurs embouchures.

Mais je me suis aperçu que ce travail qui, du reste, m'aurait entraîné trop loin, n'aurait peut-être pas offert assez d'intérêt, et j'y ai renoncé. Je dirai pourtant les noms de ces principaux cours d'eau; ce sont : la Seybouse, l'Oued-el-Kebir, le Safsaf, l'Oued-Guebli, l'Ysser, l'Harrach, le Massafran, le Chelif, la Makta et la Tafna.

L'avantage des irrigations est si considérable en Afrique, que les colons devront, partout où les cours d'eau leur feront défaut, rechercher avec soin les nappes d'eau souterraines et les amener à la surface, soit au moyen de norias, soit par toute autre machine hydraulique.

2

Ce moyen d'utiliser les eaux qui courent dans les couches infé-
rieures, très-répandu en Espagne et dans quelques parties du midi
de la France , est employé en Algérie, pour la culture maraîchère,
sur la plupart des terres qui avoisinent les grandes villes.

Je me bornerai à citer, dans les environs d'Alger , la belle plaine
du Hamma, qui n'a d'autre eau que celle que lui fournissent les
norias , et dont les terres ont atteint , par ce mode d'arrosage , une
valeur locative de mille francs, et une valeur de vente de dix mille
francs l'hectare.

Quoique coûteux, ce mode d'irrigation qui peut décupler les produits du sol, peut et doit être employé, avec grand avantage, pour
les cultures industrielles riches, telles que le tabac , le coton , la
garance, etc. On cite auprès d'Alger un honorable colon, M. Prévost,
qui, par ce mode d'arrosage, a obtenu, sur moins d'un hectare ,
une récolte de tabac de 3,600 francs, en 1853; et, en 1855, une
récolte combinée de tabac et de coton de plus de 4,000 francs.

Eaux Salées. — Les eaux sont généralement très-bonnes et très-
saines en Algérie ; dans quelques localités , elles sont saumâtres.
Quelques sources et ruisseaux sont salés ; c'est à cette circonstance
que le Rio-Salado, dans la province d'Oran , doit son nom.

Il existe en Algérie plusieurs lacs salés : un petit nombre de ces
lacs , connus sous le nom de Chott ou de Sebkha , se trouve près
des côtes ou dans l'intérieur du Tell ; mais la presque totalité est
sur les hauts plateaux. Les nombreuses mines de sel gemme , connues
ou non , que renferme le sol de l'Algérie , expliquent cette qualité
de certaines eaux.

Eaux Thermales. — L'Algérie possède plusieurs sources d'eaux
thermales , sulfureuses et ferrugineuses ; quelques-unes ont jusqu'à
80º de chaleur.

Botanique. — La flore du Tell , sauf quelques exceptions peu
nombreuses, ne diffère pas de la flore des rivages Méditerranéens
Français, Espagnols et Italiens. On retrouve, en masse, en Algérie ,
les végétaux qui croissent dans ces contrées.

Il ne faut pourtant pas en conclure que le sol Algérien ne saurait se prêter à d'autres cultures et serait impuissant à fournir d'autres produits : ce serait une grave erreur ; car si les mêmes végétaux se rencontrent dans le Tell Algérien comme sur les rivages Européens de la Méditerrannée, il faut ajouter que certains de ces végétaux y acquièrent un développement considérable qu'ils sont loin d'atteindre en Europe, et que si la végétation de nos contrées méridionales Européennes se nuance avec celle des pays froids, la végétation Algérienne se nuance au contraire avec celle des climats plus chauds.

Une température plus égale, des hivers plus chauds et des printemps qui sont de véritables étés tempérés, permettent à la végétation un travail et un accroissement incessant : là, point de ces neiges, de ces glaces, de ces vents froids, qui suspendent le développement des végétaux et arrêtent le mouvement de la sève, en les condamnant, pendant de longs mois, à une espèce d'engourdissement et à l'inaction. Point de ces brusques changements de température qui, après avoir traîtreusement provoqué l'expansion de la sève, détruisent, par un abaissement subit, les plantes et les arbres.

Là, l'olivier, l'amandier, l'oranger ne sont jamais atteints par des gelées qui détruisent si souvent, en France, les récoltes, et obligent à couronner les arbres dont les froids ont fait périr les branches ; en voyant la vigueur de ces arbres précieux, leur taille élevée qui les fait ressembler à de hautes futaies, on sent qu'ils sont là dans leur véritable patrie. L'olivier, si frêle et si chétif en Provence, si souvent atteint par le froid, acquiert en Algérie des proportions gigantesques ; on rencontre des troncs qui ont jusqu'à trois mètres de circonférence et qui, dans leur vieillesse, sont restés nets, lisses, entiers comme de jeunes arbres.

En Algérie, pas de repos pour les arbres ; les feuilles persistent jusqu'à la fin de l'automne et quelquefois une partie de l'hiver : la feuille à peine tombée est remplacée par de jeunes boutons. Sur l'oranger, les fruits succèdent à la fleur, comme celle-ci succède au fruit ; sur le citronnier, fruits et fleurs se trouvent ensemble sur le même arbre pendant toute l'année : aussi cette absence de gelées et cette régularité d'une température modérée permettent-elles de cultiver, en Algérie, une foule de plantes utiles qu'il serait impossible de confier, avec une chance de succès, aux terres qui bordent la Méditerranée sur le continent Européen : le coton, la canne à sucre, l'indigo, le nopal, etc.

Je parlerai plus tard des diverses plantes qui sont ou qui peuvent être cultivées en Afrique, et je vais terminer la flore Algérienne par quelques mots sur les forêts de ce pays.

Le Cèdre. — Parmi les principales essences qui peuplent l'Algérie et dont la nomenclature serait trop longue, on trouve le cèdre dont on rencontre de magnifiques forêts sur les hauts plateaux, comme sur les versants sud et nord du Grand Atlas. Cet arbre acquiert des dimensions colossales et vit fort longtemps : on a fait des tables avec des tranches transversales qui avaient plus de 1 m. 60 c. de diamètre; on prétend qu'il y en a d'un diamètre double. Sur une table de 1 m. on a pu compter 384 couches; mais comme un grand nombre d'autres avaient été enlevées, on ne peut assigner au tronc dont elle a été formée, une vie de moins de quatre siècles ; les tranches de 1 m. 60 c. avaient peut-être mille ans.

Il faut aussi mentionner, en passant, le dattier dont le fruit forme la base de la nourriture des hommes et des animaux dans le Sahara, mais qui ne fructifie pas dans le Tell.

Dans la Kabylie on trouve de vastes surfaces formant des espèces de forêts d'oliviers et de figuiers; mais le sol de ces forêts, ou plutôt de ces vastes vergers, est labouré et remué avec soin par les industrieux Kabyles.

Sur divers points de la province de Constantine comme de la province d'Oran, sont de vastes et anciennes plantations d'oliviers aujourd'hui abandonnés, ne donnant plus qu'un fruit petit et peu charnu, semblable à celui que produisent les nombreux oliviers sauvages qui peuplent l'Algérie, mais qui, au moyen d'un simple élagage fait avec soin, pourraient donner des fruits savoureux et charnus égaux aux fruits de l'olivier greffé.

Si l'on considérait comme forêts, les vastes surfaces que les broussailles occupent, on pourrait dire qu'il est peu de pays, en Europe, aussi bien partagé que l'Algérie. Pour produire sinon de hautes futaies, du moins des taillis d'un très haut produit, ces broussailles, si souvent détruites par les incendies des Arabes, ne demandent que quelques soins et surtout d'être préservées de ces causes périodiques de destruction : chaque année , les Arabes incendient des terrains qu'ils destinent soit à la culture, soit à la dépaissance des troupeaux; il s'agissait donc d'abord de mettre un frein à cette habitude destructive des forêts, et c'est ce qu'a fait l'administration, en soumettant les Arabes comme les Européens qui veulent incendier un champ, à la demande préalable d'une autorisation qu'elle peut accorder ou refuser, selon les circonstances.

La province de Constantine paraît être la plus riche en bois; celle d'Oran présente aussi de belles forêts ; celle d'Alger est la moins favorisée. Sur les bords de presque tous les cours d'eau, on trouve des arbres de haute futaie de la plus belle venue, ce sont principalement les peupliers, les trembles, les saules , les frênes, les ormes, des chênes et quelques sycomores. Des ricins vigoureux, véritables arbres en Algérie, se trouvent mêlés à ces essences.

On commence à exploiter les liéges, et des compagnies se sont formées, ou se forment en ce moment, pour la mise en valeur de la précieuse écorce.

ZOOLOGIE. — En zoologie, je tâcherai d'être plus sobre encore qu'en botanique; je ne dirai rien des races diverses, nombreuses en Algérie, qui loin d'être utiles à la culture, lui sont au contraire très préjudiciables , soit pour les dangers qu'elles présentent pour les hommes et les animaux, soit pour les dégâts qu'elles occasionnent aux cultures; tels sont : les lions, les panthères, les hyènes, les sangliers très nombreux dans les bois, les chacals qui, chaque nuit, parcourent le pays en bandes nombreuses, remplissant l'air de leurs aboiements et chassant les agneaux, les jeunes cochons, les veaux et les volailles; je ne dirai rien non plus des autruches qui ne quittent pas le Sahara, ni des diverses espèces d'antilopes, parmi lesquelles se fait remarquer l'élégante et légère gazelle , qui habite aussi bien le Tell que les deux autres régions Algériennes.

Je ne parlerai donc que des races d'animaux qu'utilise la culture, de ces races élevées par le cultivateur et le pasteur pour leur service ou pour le commerce.

CHAMEAU. — Vient d'abord le chameau, si indispensable à l'Arabe en général, et principalement à l'Arabe du Désert, comme bête de bât. La sobriété de cet utile animal du Désert est proverbiale : pour assouvir sa faim, il ne lui faut ni herbe, ni fourrage, ni grain, ni même un temps d'arrêt dans son travail; pesamment chargé d'un fardeau qui dépasse quelquefois 500 kilogrammes, il broute, chemin faisant, les chardons qui bordent la route et les cactus que la Providence met à sa portée, sans se soucier des épines dont ces plantes sont armées et dont les pointes sont émoussées par la rude enveloppe qui entoure sa langue et qui tapisse son palais. Spécialement créé pour le Désert où l'eau est chose si rare, il peut supporter la soif pendant plusieurs jours; la nature l'a pourvu d'une poche dans laquelle il peut placer une petite provision d'eau : cette circonstance de sa conformation a été bien souvent, dit-on, la cause de sa mort, car les pèlerins, tourmentés par la soif, l'ont tué quelquefois pour s'approprier l'eau dont il avait fait provision.

Le poil, qui garnit une partie de son corps, sert à faire des cordes, des étoffes pour tentes, des burnous imperméables, et enfin des tapis : jusqu'à l'âge de cinq à six ans, sa chair est recherchée par les Arabes. On dit que le lait de la chamelle est excellent, et les Arabes le préfèrent à celui de leurs brebis.

Le chameau n'est employé que pour porter et non pour traîner, cependant il serait possible de le dresser au trait; car le général Yousouf essaya un jour d'en atteler deux à sa voiture et fit rapidement, avec eux, la route de Blidah à Alger.

LE CHEVAL. — Le cheval barbe, grâce aux ouvrages si poétiques et si vrais de M. le général Daumas, qui l'a si bien décrit et fait apprécier, est connu de tout le monde. La guerre de Crimée est venue confirmer l'opinion de l'illustre général, que le barbe est le premier cheval du monde pour la cavalerie légère : il n'en est point de plus robuste, de plus ardent et en même temps de plus docile;

il ne le cède à aucun cheval de selle pour la légèreté, la souplesse et la grâce : on n'en trouverait point d'autres capables de fournir plus rapidement de longues courses et de supporter plus longtemps les privations, la fatigue, la faim et la soif.

Le seul reproche à lui adresser, serait peut-être de manquer de taille : ce défaut, si c'en est un, prend sa source dans la nature des herbages et du climat. Dans quelques contrées, dans le Chelif, par exemple, les chevaux ont plus de taille et sont plus étoffés que dans les autres parties du Tell.

Le Sahara, d'après M. le général Daumas, fournit les chevaux les plus précieux.

Le Mulet. — Le mulet Arabe est très-répandu dans toute l'Algérie ; il est beaucoup plus petit que le mulet Français, mais aussi plus sobre, plus alerte, plus robuste ; il est employé comme bête de somme, souvent aussi pour la selle et sert presqu'exclusivement de monture à la magistrature Musulmane ; son allure est l'amble ; il parcourt ainsi rapidement de longues routes sans fatiguer nullement son cavalier : on l'emploie aussi au labourage ; son prix est plus élevé que celui des chevaux.

L'Ane. — Cet animal si modeste, si sobre et si utile, est aussi très-répandu en Algérie : il est principalement en usage chez les Maures et les Kabyles. Il est très-petit, mais très-vif et infatigable. On en voit dans les villes, des troupes de 15 à 20, employés à transporter du mortier, des briques, des pierres, de la chaux pour les constructions : les pentes rapides et l'étroitesse de certaines rues inabordables aux voitures, les rendent indispensables pour ces transports.

Quoique généralement employés comme bêtes de bât, on les voit quelquefois chez les Arabes, comme chez les Kabyles pauvres, attelés à la charrue.

Le Bœuf. — Il faut avouer que la race bovine en général est loin de mériter les éloges qui viennent d'être donnés au cheval et au mulet.

Les bœufs sont généralement petits, peu forts et d'un faible poids pour la boucherie (leur poids, en vie, varie de 250 à 350 kilog.);

mais ils sont vifs, obéissants, faciles à dresser et d'une grande sobriété ; après une journée de travail consécutif de dix heures, un peu de paille ou la liberté du pâturage pendant la nuit, suffisent pour réparer leurs forces. Ils ne boivent, chez les Arabes, qu'une seule fois par jour, au déjointé de la charrue, et presque toujours avant d'avoir mangé.

La Vache. — Les vaches, petites, mal conformées, surtout dans la province d'Oran, donnent peu de lait (environ deux litres par jour), et ne le donnent qu'en présence de leurs veaux et pendant les six mois qui suivent le vêlage ; mais elles sont dociles et sobres : elles engraissent sur des pâturages où les races Européennes ne pourraient s'entretenir ; elles restent, sans dépérir, constamment exposées à l'ardeur du soleil d'été et aux froides pluies de l'hiver : elles vêlent, sans accident, enfoncées dans la boue du parc ; leur lait est riche en matière butireuse et en caséum.

Tous les défauts que l'on peut reprocher à la race bovine Arabe, et ils sont en grande partie compensés par ses bonnes qualités, sont le résultat du mauvais régime auquel cette race est soumise depuis si longtemps. Sous l'influence d'une alimentation irrégulière et souvent insuffisante, constamment exposée à l'intempérie des saisons, sa taille s'est rapetissée ; quelques-unes de ses formes sont devenues défectueuses ; le manque de soins, l'insuffisance, et surtout l'irrégularité de la nourriture, l'exposition au froid humide de l'hiver, l'irrégularité de la traite, ont amené la diminution du lait chez les vaches ; et, pour compléter la série des causes qui concourent à la ruine d'une race, la multiplication de ces animaux, ainsi que leur entretien, ont été abandonnés à la nature.

Malgré toutes ces causes de dégénérescence, l'on trouve encore un certain nombre d'individus parfaitement conformés, et dont la perfection des formes s'allie à la sobriété et à une grande force de tempérament. Il n'est pas rare de voir des vaches qui fournissent de huit à dix litres par jour d'un lait fort riche et qui le conservent jusqu'au moment d'un nouveau vêlage.

J'aurai occasion de dire plus tard comment doit être poursuivie l'amélioration de cette race.

Le Mouton. — L'Algérie est un pays privilégié pour l'élève et l'entretien des bêtes à laine. Il suffit, pour s'en convaincre, de jeter un coup d'œil sur cette terre fertile et saine, couverte de plantes aromatiques, et sur les innombrables troupeaux qui couvrent ses plaines et ses collines, depuis la côte jusque dans le Sahara, mais principalement sur les confins du Désert.

Si l'on peut reprocher à ses chevaux et à ses bœufs la petitesse de la taille, il n'en est pas de même pour les moutons, dont quelques-uns atteignent la taille de nos plus belles races Françaises.

Diverses variétés de moutons vivant sur le sol de l'Algérie et les accouplements étant entièrement abandonnés au hasard, il en est résulté une confusion dans les races et une grande variété dans le lainage; mais on rencontre encore, sur quelques points, des moutons ayant la laine frisée, courte et fine comme celle des mérinos.

La plupart des brebis Africaines donnent de doubles portées, et quelquefois deux portées par an : on les trait comme les vaches, et leur lait est tantôt consommé en nature, tantôt transformé en petits fromages que l'on rencontre en assez grande quantité sur tous les marchés.

Quelques animaux sont ornés de quatre cornes, dont les directions, l'ampleur et la forme sont très-variées; quelques autres, mais ils sont plus rares, ont la queue très-développée; on les connaît en France sous le nom de Moutons de Barbarie. Cette variété, qui nous viendrait, dit-on, de Tunis, est très-rustique et prend facilement graisse; on la retrouve plus particulièrement dans l'est; sa queue, que les Arabes savourent avec délices, atteint quelquefois un poids de huit à dix kilogrammes; sa laine est très-grossière.

La tonte se fait en avril et en mai, et d'une manière bien défectueuse, très-souvent à la faucille ou au moyen de petites forces ayant la même forme que les nôtres; les toisons, étant générale-

ment peu tassées, ne pèsent guères que de un kilogramme et demi
à deux kilogrammes.

Les Chèvres. — Les chèvres sont petites et fort mauvaises lai-
tières ; mais leur chair est assez bonne. Ces animaux ne présentant
aucun intérêt, on n'en dira pas davantage.

Les Cochons. — L'Algérie, on le sait, ne possédait point de
cochons domestiques avant la conquête. De quelle utilité, en effet,
aurait été pour les Arabes un animal qui n'offre d'autre ressource
que sa chair dans un pays où l'usage de cette chair est rigoureusement proscrit par la religion.

Les cochons que nous possédons aujourd'hui en Algérie, apportés
de tous les pays, appartiennent aux races les plus diverses.

La race de Mayorque, sobre, rustique, facile à engraisser, même
avec le secours seul de l'herbe, est la plus répandue ; la race anglo-
chinoise commence à y être représentée en assez grand nombre.

Le cochon réussit, du reste, à merveille en Afrique, et toutes
les races peuvent s'y acclimater et s'y entretenir parfaitement : il n'y
a plus rien à dire de cet utile animal, qui présente dans ce pays les
mêmes avantages qu'en France.

Population Indigène. — La population indigène de l'Algérie,
d'après le dernier recensement fait en 1854, se composerait de
2,161,963 individus, dont 105,865 disséminés dans les villes et dans
les centres occupés par les Européens, 2,056,098 composant les
diverses tribus éparses sur tout le territoire Algérien des trois régions;
ce dernier nombre se décompose en 317,186 individus en état de
porter les armes, parmi lesquels 252,117 fantassins et 65,069 cava-
liers, et en 1,738,912 femmes, vieillards et enfants.

Six races bien distinctes composent cette population : les Kabyles
et les Arabes forment les deux principaux types ; les Maures, les
Turcs, les Coulouglis et les Juifs complètent la nomenclature.

Les Maures habitent presqu'exclusivement les villes : un petit
nombre habite la campagne et s'occupe d'agriculture au moyen
de métayers qui portent le nom de *Khermès*, dérivant d'un mot
Arabe qui exprime le nombre *cinq*, parce que ce métayer prend,

pour sa part, le cinquième de la récolte, dont les 4/5mes reviennent au propriétaire du sol ou au fermier principal.

Quelques-uns, dans les environs des villes, se livrent, ainsi que quelques Kabyles, à la culture maraîchère : la presque généralité vit du commerce au détail ou de l'exercice de diverses professions, telles que : maréchal, menuisier, barbier, cafetier, etc.

Les Turcs qui se sont fixés sur le sol Algérien vivent de la même manière que les Maures.

Les Coulouglis sont les métis provenant de l'union des Turcs avec les Maures ou avec les Arabes. Ils vivent presque tous de la même vie que les Maures : plusieurs ont pris du service dans les régiments indigènes au service de la France.

Les Juifs Algériens, semblables à leurs frères de tous les pays, se livrent principalement au commerce ou à la banque; quelques-uns exercent des états manuels ; ils habitent dans les villes et les villages, parmi les Européens comme parmi les Arabes et les Kabyles.

Ces quatre fractions de la population indigène forment l'infime minorité du peuple conquis : résidant en presque totalité dans les villes, d'un esprit peu guerrier et façonnés depuis longtemps à la vie paisible du commerce, ils subissent sans répugnance notre domination, plient, sans trop de contrainte, sous nos lois, et adoptent peu à peu nos usages et nos besoins.

Les Arabes et les Kabyles doivent, seuls, fixer tout particulièrement l'attention : ces deux races ont des caractères tranchés qui les rendent antipathiques ; de tout temps elles ont vécu en état d'hostilité : la cause première de cette antipathie s'explique facilement par la différence des origines.

Les Kabyles sont les plus anciens possesseurs du sol Africain : ils ont dû former, dans les temps les plus reculés de l'ère chrétienne, un seul et même peuple compacte et homogène, mêlé depuis aux divers conquérants qui se sont disputé le pays jusqu'à la grande invasion Arabe : on retrouve parmi eux, les divers types des envahisseurs, principalement le type Germanique; les signes physiques les plus évidents accusent le mélange du sang Germain à la suite de la conquête des Vandales. La grande invasion Arabe eut lieu à la fin du septième siècle; elle balaya les plaines et refoula les premiers conquérants dans ces montagnes où nous les retrouvons encore après douze siècles. Pour se soustraire aux violences de leurs vainqueurs fanatiques, ils adoptèrent comme une nécessité, plutôt que par conviction, la religion du peuple conquérant; de là, peut-être, leur nom de *Kabyle*, dérivé du mot Arabe *quebel*, qui signifie *il a accepté*. Les traces de la religion chrétienne, que professaient quelques-uns de leurs ancêtres et que l'on retrouve, chez eux, mêlées aux pratiques ou aux croyances de leur religion, est une autre preuve de leur origine.

Chez les Arabes, comme chez les Kabyles, nous retrouvons le gouvernement républicain. Mais chez les premiers, c'est la république aristocratique : le pouvoir appartient aux anciennes familles nobles; chez les autres, c'est la république démocratique : les chefs sont élus par le suffrage universel et pour un temps limité qui varie de six mois à un an.

Je ne puis résister au désir de vous faire connaître quelques-uns des traits caractéristiques qui séparent ces deux races et de vous initier à quelques-unes de leurs coutumes. Je puise mes principaux sujets de comparaison dans le parallèle si pittoresque fait par M. le général Daumas, dans ses études historiques sur la grande Kabylie :

« L'Arabe a les cheveux et les yeux noirs ; beaucoup de Kabyles » ont les yeux bleus et les cheveux rouges.

« L'Arabe a le visage ovale ; le Kabyle a le visage carré.

« L'Arabe ne doit jamais faire passer le rasoir sur sa figure ; le » Kabyle se rase jusqu'à l'âge de vingt-cinq ans.

« L'Arabe se couvre la tête en toute saison, et, quand il le peut, » porte des chaussures : en été, comme en hiver, le Kabyle a la tête » et les pieds nus.

« L'Arabe vit sous la tente, il est nomade; le Kabyle habite la » maison, il est fixé au sol.

« L'Arabe se couvre de talismans et en attache au cou de ses » chevaux et de ses lévriers ; le Kabyle n'a aucune foi dans la

» vertu des amulettes, quoiqu'il ait d'ailleurs des superstitions nom-
» breuses.

« L'Arabe, essentiellement paresseux, déteste le travail : trois
» mois sont consacrés au labour et neuf mois au repos ; le Kabyle
» travaille énormément en toute saison ; c'est lui qui, chaque année,
» descendant de ses montagnes, vient faire chez les Arabes et chez
» les Européens, les travaux de la fenaison et de la moisson.

« L'Arabe laboure beaucoup et possède de nombreux troupeaux
» qu'il fait paître : il ne plante point d'arbres ; le Kabyle cultive
» moins de céréales et n'a qu'un petit nombre d'animaux ; mais il
» s'occupe beaucoup de jardinage et passe sa vie à planter et à
» greffer.

« L'Arabe fait mal les labours, n'en donne ordinairement qu'un
» seul ; le moindre obstacle lui fait négliger, au milieu des terres
» labourées, de nombreuses parcelles ; il laisse se perdre les engrais
» que produisent ses troupeaux ; les Kabyles donnent au moins deux
» façons à la terre, n'en négligent aucune parcelle, la couvrent
» d'engrais, la nettoient avec soin et la laissent rarement reposer.

« L'Arabe voyage pour chercher des pâturages, mais ne sort
» jamais d'un certain cercle ; chez les Kabyles, véritables enfants de
» la Savoie ou de l'Auvergne Africaine, un membre de la famille
» s'expatrie toujours momentanément pour aller chercher for-
» tune : tout travail lui est indifférent ; manœuvre avec les maçons,
» pasteur, moissonneur ou faneur dans les campagnes : dès qu'il a
» pu amasser un peu d'argent, il rentre dans son village, achète un
» fusil, un bœuf, et se marie.

« L'Arabe n'a point d'industrie proprement dite ; le Kabyle bâtit
» sa maison, fait la menuiserie, forge des canons et des batteries de
» fusil, des sabres, des couteaux, des pioches, des socs de charrue,
» etc. ; chez lui se travaillent les burnous et les vêtements de laine,
» les haïks de femmes : sa poterie est renommée. Il fait de l'huile
» avec ses olives et confectionne ses meules et ses pressoirs ; il dresse
» des ruches pour les abeilles ; il moule la cire dans des vases qu'il
» a lui-même préparés ; il sait cuire ses tuiles ; il connaît la chaux

» et sait employer le plâtre dont paraissent abonder ses montagnes.

» Il fait un savon noir avec l'huile d'olive et la cendre du laurier rose;

» il tresse des paniers et confectionne des nattes ; il cultive le lin,

» le file et en fait des toiles grossières. Il fabrique de la poudre et des

» balles; il exploite le minerai de plomb, de cuivre et de fer; il sait

» extraire et fondre ces métaux ; enfin, comme témoignage de son

» habileté, sinon de sa moralité, la fabrication de la fausse-

» monnaie forme la principale industrie de certains de ses villages.

« L'Arabe est vaniteux : on le voit tour à tour humble et arro-
» gant; le Kabyle est orgueilleux et demeure toujours superbement
» drapé dans son orgueil.

« L'Arabe est menteur; le Kabyle regarde le mensonge comme
» une honte.

« Dans la guerre, l'Arabe procède le plus souvent par surprise ou
» par trahison; le Kabyle prévient toujours son ennemi.

« En expiation d'un meurtre, l'Arabe se contente de la *Dia :*
» c'est le prix du sang; au Kabyle, véritable Corse d'Afrique, il
» faut la mort de l'assassin; sa *vendetta* est implacable, et, comme
» pour les successions, à défaut de ligne directe, elle se porte sur
» la ligne collatérale.

« Chez l'Arabe, l'hospitalité est plus politique, plutôt d'osten-
» tation que de cœur ; chez le Kabyle, elle est moins somptueuse,
» mais plus cordiale : la Kabylie est, pour le réfugié, un sanctuaire
» inviolable. »

Parmi les coutumes de ce pays, en voici quelques-unes qui m'ont
paru assez curieuses pour excuser une petite digression ; du reste
elle se rapporte à mon sujet, puisqu'il s'agit du produit des champs.

Au moment où les fruits commencent à mûrir, les chefs font
publier que, pendant vingt jours, personne ne pourra, sous peine
d'amende, enlever aucun fruit de l'arbre : à l'expiration du temps
fixé, les propriétaires se réunissent dans la mosquée et jurent sur les
Livres Saints que l'ordre n'a pas été violé. Celui qui ne jure pas paie
l'amende. On compte alors les pauvres de la tribu, on établit une

liste, et chaque propriétaire les nourrit à tour de rôle, jusqu'à ce que la saison des fruits soit passée.

La même chose a lieu dans la saison des fèves, dont la culture est extrêmement commune en Kabylie.

A ces époques, tout étranger peut pénétrer dans les jardins et a le droit d'y manger et de se rassasier, sans que personne l'inquiète; mais il ne doit rien emporter, et un larcin, doublement coupable en cette occasion, pourrait bien lui coûter la vie. Les Kabyles transportent cette touchante coutume dans les pays qu'ils parcourent, et en font leur profit jusque dans les jardins et les cultures des Européens; mais elle n'est pas, il faut l'avouer, fort goûtée de ces derniers qui ne la respectent guère.

Je reprends le parallèle que j'avais interrompu :

« Les Arabes, dans les combats, se coupent la tête ; les Kabyles
» ne le font jamais entr'eux:

« L'Arabe vole partout où il peut; le Kabyle ne vole que son
» ennemi.

« L'Arabe ne sait pas faire valoir son argent; il l'enfouit ou s'en
» sert pour augmenter ses troupeaux; le Kabyle prête à gros intérêts
» ou fait des spéculations commerciales, il va même jusqu'à acheter
» des récoltes futures.

« Les Arabes classent le musicien au rang des bouffons; ils seraient
» déshonorés s'ils se livraient à la danse ; les Kabyles aiment à jouer
» de leur petite flûte, et tous, hommes et femmes, se livrent au plaisir
» de la danse.

« C'est surtout dans les rapports établis entre l'homme et la femme,
» qu'il existe entre eux de grandes dissemblances.

« Chez les Kabyles, la femme jouit de plus de liberté et de plus de
» considération que chez l'Arabe. Tandis que chez celui-ci elle se
» cache aux étrangers, ou reste couverte et voilée en leur présence,
» qu'elle est exclusivement destinée aux soins de l'intérieur du ménage,
» qu'elle ne mange jamais avec son mari, et bien moins encore avec
» ses hôtes, la femme Kabyle se rend au marché pour y faire les pro-
» visions, vendre ou acheter; elle peut paraître aux réunions des

» hommes, s'asseoir où elle veut, causer et chanter : son visage dé-
» couvert, elle prend ses repas avec la famille, et même lorsqu'il y
» a des étrangers.

« La femme du peuple est ordinairement sale chez les Arabes; la
» femme Kabyle est plus propre : elle doit faire deux toilettes par jour;
» le matin , elle se lave; le soir, pour paraître à la table des hôtes,
» elle se pare de tous ses ornements et met du henné.

« Enfin , non seulement les femmes Kabyles sont plus libres, plus
» considérées , plus influentes que les femmes Arabes , mais elles
» peuvent aspirer même aux honneurs et aux pouvoirs dévolus à la
» sainteté. Une foule de saintes femmes ont leur *Kouba*, ou tombeau,
» vénéré à l'égal des tombeaux des Marabouts Arabes. »

De ce parallèle, si peu flatteur pour l'Arabe, il ne faudrait pourtant pas conclure que celui-ci se refuse absolument à toute civilisation , à tout progrès.

Le peuple Arabe a, dans l'histoire , un passé glorieux ; il a brillé
d'un vif éclat dans le moyen-âge , par les sciences comme par la
littérature ; il peut se rappeler, avec orgueil, ses établissements en
Sicile et en Espagne : il est bien déchu aujourd'hui , il est vrai ;
mais quelle est la nation la plus brillante de l'antiquité qui n'ait eu
sa décadence !

Si l'Arabe est essentiellement paresseux ; s'il n'a point d'industrie
qui lui soit propre ; si, pasteur avant tout , il est nomade et vit
misérablement sous la tente qu'il plante là où il trouve un pâturage
pour ses troupeaux , ces vices qu'on a raison de lui reprocher aujourd'hui , sont-ils originels et essentiels de sa race ? Non. Ils ne
sont , dans le caractère Arabe , qu'un accident , le résultat fatal des
dominations despotiques que ce malheureux peuple a successivement
subies jusqu'à l'époque de notre conquête.

Si les Kabyles habitent dans des maisons groupées en villages ;
s'ils construisent eux-mêmes leurs demeures ; si, plus laborieux et
surtout plus industrieux, ils se livrent avec une égale intelligence et
une égale ardeur , aux travaux de la culture et aux travaux indus-
triels; s'ils plantent et greffent des arbres ; si leurs mœurs et leurs

coutumes sont plus sages et plus humaines, c'est que, abrités derrière leurs montagnes, protégés par les difficultés naturelles du pays dans lequel ils se sont réfugiés à l'époque des premières invasions, ils ont pu résister à leurs conséquences désastreuses, et, tout en conservant leur liberté, conserver aussi leurs habitudes et leurs mœurs.

Les Arabes, au contraire, habitant les plaines, et, ne pouvant se réfugier sur les montagnes déjà occupées par les Kabyles, ont dû subir la domination des conquérants. Alors, exposé aux incendies, aux massacres, aux spoliations, l'Arabe a dû fuir les établissements stables, la demeure fixe : toujours exposé à se voir inopinément attaqué et injustement dépouillé, il a dû, pour être toujours prêt à la fuite, adopter la vie nomade et habiter sous la tente qu'il pouvait toujours transporter avec lui.

Pourquoi aurait-il bâti une maison que ses oppresseurs se seraient inévitablement appropriée, s'ils ne l'avaient incendiée ? Planté ou greffé des arbres dont ils se seraient emparés, s'ils ne les avaient détruits ? Préparé d'abondantes moissons qu'il n'aurait pu transporter en cas d'attaque, et qui, comme les maisons et les arbres, seraient devenues la proie de ses ennemis ?

La vie qu'il avait adoptée était donc pour lui une nécessité. En la choisissant, il a fait preuve d'intelligence et de résolution ; il a augmenté ses troupeaux qu'il pouvait transporter rapidement avec lui ; il a réalisé ses biens en *douros*, qu'il a enfouis et mis ainsi à l'abri du pillage. Dans cette condition, il pouvait, à la première apparence du danger, plier sa tente, charger sa petite provision de blé sur ses chameaux, et prendre, avec sa famille et ses troupeaux, la route du Désert.

Mais aujourd'hui que vingt années d'une administration sévère, il est vrai, mais tout équitable et paternelle, l'ont complètement rassuré, tranquille pour sa personne et pour sa propriété, ne commence-t-il pas à construire ; ne saisit-il pas avec empressement, lorsqu'il en a les moyens, l'occasion d'acquérir ou d'affermer une propriété ; ne commence-t-il pas à planter et à greffer les arbres utiles ; ne cultive-t-il pas des quantités considérables de céréales pour les livrer au commerce; ne se livre-t-il pas avec ardeur et intelligence à la culture des plantes industrielles; n'est-ce pas à un Arabe qu'a été dévolu le grand prix impérial pour la culture du coton !

Ce commencement de transformation est un sûr garant des transformations successives que subiront les mœurs des Arabes au fur et à mesure que les points de contact avec les Européens se multiplieront, jusqu'au moment où elle deviendra radicale et amènera une assimilation complète.

ÉTAT DE LA CULTURE CHEZ LES ARABES ET LES KABYLES AVANT ET DEPUIS NOTRE CONQUÊTE.

Sauf la culture arborescente, principalement et presque exclusivement pratiquée par les Kabyles, il n'existe entre ces deux races, d'autre différence dans la culture que celle qui résulte de leur situation spéciale.

Le Kabyle, habitant des montagnes et plus resserré dans ses terres, est cultivateur et non pasteur ; l'Arabe, ayant à sa disposition de vastes plaines, d'immenses collines et un territoire presque illimité, est plus pasteur que cultivateur.

Le tout sous l'influence des causes politiques que j'ai énoncées ci-dessus et qui ont en outre puissamment contribué à amener cette différence.

CULTURES ANNUELLES.

Blé. — Les uns comme les autres cultivent les diverses espèces de céréales : autrefois le blé dur était seul cultivé; aujourd'hui ils commencent à ensemencer et à récolter le blé tendre.

Leur culture est faite avec la plus grande négligence; presque toujours la semence est jetée à la volée sur la friche, après incendie des broussailles et des chaumes; elle est ensuite plus ou moins recouverte complètement par une façon à l'araire grossier du pays : c'est la seule façon que reçoit le sol.

Quelquefois, dans les terrains plus fortement occupés par les racines, on donne d'abord une façon après les premières pluies d'automne, la semence est ensuite répandue sur le sol et enterrée par un deuxième labour.

Les ensemencements commencent en novembre et ne se terminent, quelquefois et suivant les localités, qu'à la fin de février.

Orge. — L'orge, au moins dans la Mitidja, est semée avant le blé et de la même manière. La récolte se fait en juin et juillet; la moisson de l'orge précède celle du blé. La semence employée varie de 80 à 150 litres, et un peu plus pour l'orge; quant au rendement, il sera donné à la fin de cet article avec celui des autres produits.

Moisson. — La moisson se fait généralement à la tâche par les Kabyles, au moyen d'une toute petite faucille dentelée : le prix de la moisson varie de 50 à 70 fr. par paire de bœufs, soit environ six hectares, en outre de la nourriture qui se compose de kous-coussou, de lait aigre et d'un peu d'huile.

Dépiquage. — Le dépiquage se fait sur une aire dont le sol a été préalablement nettoyé des herbes, mouillé, battu et enduit d'une couche de bouses de vache délayées, formant une espèce de mortier, au moyen soit des bœufs, soit des chevaux, que l'on fait marcher dessus, d'abord au pas, puis au trot. Les Kabyles emploient généralement les bœufs, tandis que les Arabes se servent presque exclusivement des chevaux.

Nettoyage. — Le nettoyage se fait au vent, d'abord à la fourche pour enlever la grosse paille, et ensuite à la pelle pour séparer le grain de la menue paille; les Arabes se bornent à ce nettoyage tout primitif, et n'emploient le crible qu'au moment de transformer le grain en farine.

Silos. — La récolte est ensuite enfermée dans des silos creusés dans le sol, et dont les parois sont tapissées de roseaux ou de paille longue, recouverts d'une couche de même paille et d'une deuxième couche de terre; les grains se conservent ainsi parfaitement à l'abri des charançons, qui les détruiraient complétement s'ils étaient gardés sur terre dans des sacs ou en greniers.

Les fèves sont cultivées assez en grand; les pois chiches, les lentilles, quelques gesses sont cultivés aussi, mais en quantités bien moindres. Les ensemencements se font en même temps que pour le blé et l'orge.

Maïs, Sorgho, Millet. — Le maïs, le sorgho et le millet sont également cultivés, mais principalement à l'arrosage; l'ensemencement se fait au printemps, à partir du mois de mars.

Plantes Diverses, Potagères ou Industrielles. — Les Arabes, comme les Kabyles, cultivent encore quelques plantes potagères, telles que les navets, les choux, les oignons, et, en assez grande quantité, les melons et les pastèques.

Ils cultivent aussi quelque peu de lin, de sésamme, du henné, plante tinctoriale, du chanvre et une certaine quantité de tabac; les tabacs des Ouled-Chebel ou de la Khrachna, dans la plaine de la Mitidja, sont d'une qualité très-supérieure. Leur prix a quelquefois atteint le double de nos meilleurs choix provenant de la culture Européenne.

Depuis la conquête, ils cultivent quelque peu de pommes de terre, et, depuis quelques années, du coton.

A ces plantes se réduisent toutes les cultures annuelles.

Les règles de l'assollement sont à peu près inconnues des Arabes; cependant ils ont pour habitude, lorsqu'ils s'aperçoivent d'un commencement d'épuisement du sol, d'alterner les cultures des céréales avec le pâturage, et quelquefois d'intercaller une culture de fèves entre deux céréales; les Kabyles sont, à cet égard, plus soigneux que les Arabes et font assez volontiers alterner les céréales et les légumineuses.

L'usage de la fumure, par transport des engrais, leur est tout-à-fait inconnu; mais ils font volontiers parquer leurs troupeaux sur les terres destinées à recevoir du tabac, du chanvre, du lin, ou du jardinage; ils sèment aussi volontiers de l'orge sur les anciens parcs. Ils enlèvent les chardons dans les blés et sarclent les fèves, le tabac, le lin, le chanvre, le henné, le sésamme et le jardinage.

Pour vous édifier, Messieurs, sur le rendement de la culture Arabe, pour les diverses espèces de céréales, pendant les années

1853 et 1854, je mets sous vos yeux les tableaux suivants, dont les chiffres sont officiels, puisque ces tableaux ont été dressés à l'aide des documents puisés dans l'état de situation de l'Algérie, et publiés par Son Excellence Monsieur le Ministre de la guerre.

J'ai l'espérance que cette communication aura pour vous quelque intérêt et vous sera agréable.

ANNÉES.	PROVINCES.	NATURE des SEMENCES.	NOMBRE d'hectares ensemencés.	RENDEMENT TOTAL de la récolte en hectolitres.	POIDS MOYEN de l'hectolitre.
					k. gr.
		Blé tendre. . .	22 80	216	78 »
		Blé dur. . . .	12757 70	88.502	69 37
	ALGER.	Orge. . . .	10881 63	119,293	52 27
		Maïs. . . .	371 »	2,786	64 87
		Fèves. . . .	1061 70	8,590	63 24
		Blé tendre. .	22 »	114	78 »
		Blé dur. . .	8016 50	25,641	78 37
1853	ORAN.	Orge. . . .	16149 40	61,128	57 76
		Maïs. . . .	556 60	856	71 67
		Fèves. . . .	314 20	549	73 50
		Blé tendre. .	546 »	5,276	75 »
		Blé dur. . .	6070 20	47,769	76 08
	CONSTANTINE..	Orge. . . .	16852 20	163,580	58 12
		Maïs. . . .	56 85	1,508	71 »
		Fèves. . . .	115 80	1,804	72 33
		Blé tendre. .	495 »	3,712	80 »
		Blé dur. . .	249226 »	3,152,645	80 »
	ALGER.	Orge. . . .	84091 »	1,585,471	60 »
		Maïs. . . .	3086 »	50,820	75 »
		Fèves. . . .	10981 »	212,559	75 »
		Blé tendre. .	408 »	2,775	80 »
		Blé dur. . .	25707 75	255,167	78 »
1854	ORAN.	Orge. . . .	51159 30	619,869	65 »
		Maïs. . . .	690 »	12,366	78 »
		Fèves. . . .	638 »	5,715	80 »
		Blé tendre. .	00 »	00	00 »
		Blé dur. . .	166300 »	2.346,592	77 »
	CONSTANTINE..	Orge. . . .	67280 75	1,275,763	57 »
		Maïs. . . .	355 »	4,144	75 »
		Fèves. . . .	402 »	4,664	78 »

Le rendement, dans la province d'Alger, aurait été le plus fort pour le blé tendre et l'orge, et plus faible que celui de la province de Constantine pour les blés durs, le maïs et les fèves.

La province d'Oran aurait donné des rendements très-faibles et infiniment inférieurs aux deux autres provinces : ces rendements sont même tels qu'il faut supposer une année entièrement défavorable, car pour quelques-uns ils ne paieraient même pas les frais de culture.

Il ne faut pas oublier, du reste, que cette année là, en Algérie comme en France, et dans la plus grande partie de l'Europe, les pluies vinrent contrarier singulièrement les récoltes, et que le peu de rendement qu'elles donnèrent, amena une surélévation générale dans le prix des grains. La province d'Oran a pu être plus fortement atteinte par ces contrariétés de la saison, et voir ses produits plus particulièrement diminués ; aussi la voit-on se relever en 1854 et donner des rendements bien supérieurs à ceux de 1853.

Bien que puisés à des sources officielles, il est bien entendu que les chiffres ci-dessus ne peuvent être considérés comme rigoureusement exacts : ils ne sont que des approximations se rapprochant de la vérité.

En les adoptant tels qu'ils sont, on peut facilement connaître les surfaces ensemencées et les quantités récoltées par les Arabes pendant les années 1853 et 1854 ; c'est ce qui va faire l'objet des deux tableaux suivants :

ANNÉE 1853.

—

Les chiffres de ce tableau ne comprennent que les cultures faites par les indigènes dans les territoires *occupés par les Européens*, et nullement dans les territoires exclusivement Arabes.

ESPÈCES.	SURFACE. — HECTARES.	PRODUIT — HECTOLITRES.	POIDS d'un HECTOLITRE.
Blé tendre.	591 »	3606 »	77^k »^{g}
Blé dur.	26844 »	161912 »	77 94
Orge.	43863 »	344001 »	58 05
Maïs.	965 »	5150 »	69 18
Fèves.	1492 »	10743 »	70 36

ANNÉE 1854.

—

Les chiffres de ce tableau comprennent la culture des indigènes *dans toute l'Algérie.*

ESPÈCES.	SURFACE. — HECTARES.	PRODUIT. — HECTOLITRES.	POIDS d'un HECTOLITRE.
Blé tendre	903 »	6485 »	80^k »^{g}
Blé dur.	441233 »	4743204 »	77 »
Seigle.	49 »	210 »	75 »
Orge.	201551 »	3479103 »	60 »
Maïs.	4131 »	67300 »	76 »
Fèves.	12029 »	222915 »	75 »

Il ne faut pas perdre de vue que la différence énorme entre ces deux années, des surfaces cultivées par les indigènes, provient d'abord de ce que le tableau de l'année 1854 embrasse les cultures faites *dans toute l'Algérie*, tandis que celui de 1853 ne comprenait que celles faites par les indigènes *dans les territoires Européens.*

Néanmoins il est avéré qu'il y a eu un accroissement considérable. dans toutes les cultures en général, et particulièrement dans celle des céréales.

Les rendements ont aussi considérablement augmenté. Le produit du blé dur a presque doublé ; celui de l'orge a presque triplé ; celui du maïs est trois fois plus fort , et celui des fèves est deux fois et demie plus élevé : c'est que la saison a été plus favorable.

Ainsi , on peut établir comme moyennes communes , les rendements ci-après : pour le blé tendre , sept hectolitres à l'hectare ; pour le blé dur , dix hectolitres ; pour l'orge , douze hectolitres ; pour le maïs , également douze hectolitres ; et pour les fèves , de douze à quinze hectolitres.

Cette dernière culture est plus variable : tantôt , elle donne des produits considérables ; tantôt, par suite de diverses circonstances , et alors surtout qu'elle est attaquée par le puceron, son produit est excessivement diminué. Les produits réels sont du reste supérieurs au rendement ci-dessus indiqué , car une partie du produit est consommé en vert, chaque année, par les nombreuses familles de métayers Arabes qui cultivent le sol.

Puisque j'ai parlé des métayers, je dois dire en passant que le métayage est à peu près le mode exclusif de culture usité chez les Arabes : ceux d'entre eux qui prennent des fermes à prix d'argent , les donnent presque toujours à métayage à des sous-fermiers.

Le métayage, en Afrique , n'est pas soumis aux mêmes règles qu'en France ; là le métayer est moins fermier à métayage, dans le sens qu'on lui donne en France, que domestique recevant au lieu de gages en argent , une part dans la récolte : cette part est du cinquième pour le blé et l'orge, et généralement de moitié pour les autres récoltes.

Les frais de moisson sont à la charge du propriétaire ; néanmoins on prend sur la récolte même , avant partage , le blé et l'orge nécessaires pour la nourriture des moissonneurs , de sorte que le métayer paie une part proportionnelle de cette nourriture. Ce sont les femmes des métayers qui préparent la nourriture des moissonneurs. Ceux-ci lient le blé en petites gerbes que les métayers doivent mettre en tas pour faciliter le chargement au moment du transport : ce transport est fait à frais communs, puisqu'il se paie ordinairement en nature à celui qui le fait par un trentième des gerbes prises avant partage. Le dépiquage, le nettoyage du grain et son transport dans les silos est fait par le métayer, mais avec les animaux fournis par le propriétaire. Les métayers sont en outre soumis à certaines corvées de domesticité; les jours de corvées, ils sont nourris par le propriétaire.

CULTURES ARBORESCENTES.

LE DATTIER. — Bien que le dattier n'appartienne point au Tell, je ne puis me dispenser de lui consacrer quelques lignes. C'est principalement dans le Sahara, sur les versants sud du Grand Atlas qu'on le rencontre : il fournit, par ses fruits, la principale et presque la nourriture exclusive des habitants de ces contrées; il sert aussi à la nourriture des chevaux.

On en rencontre çà et là dans le Tell, soit isolés, soit en bouquets; mais leur fruit, quand ils en donnent, est petit, racorni, et sans saveur. On pense, même parmi les Arabes, que si ces pieds jouissaient de l'avantage de l'irrigation, comme dans le Sahara, et surtout si, naturellement ou artificiellement, (car le dattier est dioïque) il était fécondé par les fleurs du dattier mâle, il donnerait les mêmes produits que ceux des oasis. La fécondation artificielle, au dire de certains voyageurs, serait même pratiquée par les Arabes du pays des dattes, au moyen d'une panicule du mâle, dont ils secouent le pollen sur les fleurs de la femelle : mais là, seulement des présomptions et nulle certitude.

L'OLIVIER. — L'olivier se trouve en abondance dans tout le Tell; mais il y reste à l'état sauvage, complètement négligé, et presque toujours mutilé par les Arabes, qui se bornent à en greffer et soigner quelques pieds dans leurs jardins, pour en consommer le fruit en nature, en saumure alcaline, ou confit dans l'huile.

Les Kabyles , au contraire , le cultivent , et l'huile forme le plus important article de leur commerce. On verra plus bas, les quantités considérables d'huile qu'ils ont livrées au commerce en 1853 et 1854, et l'on pourra se faire une idée de l'importance que l'olivier peut prendre en Algérie.

Quelques variétés d'oliviers sauvages produisent des fruits qui , pour la grosseur et la pulpe , ne le cèdent en rien à ceux des oliviers greffés et cultivés.

L'extraction de l'huile n'est pas mieux entendue par les Kabyles, que la culture de l'olivier par les Arabes : une grande quantité d'huile est perdue, et celle qu'ils obtiennent des olives , à moitié pourries quand on les soumet à la trituration , est si mauvaise qu'elle ne peut guères être utilisée que pour la fabrication des savons.

Divers moulins ont été établis dans les trois provinces; l'olive mieux traitée, donne beaucoup plus d'huile, et l'huile est d'aussi bonne qualité , aussi limpide et aussi douce que celle que nous donne la Provence.

Il sera question à l'article de la colonisation Européenne , des oliviers que les colons ont greffés , des moulins à huile qu'ils ont établis et des quantités d'huile qu'ils ont obtenues.

Le Figuier. — Après l'olivier , le figuier est l'arbre le plus répandu. Les Arabes le divisent en deux groupes , d'après la couleur du fruit : le figuier à fruit noir, et le figuier à fruit blanc. Quant aux fruits, les uns viennent en Juin , les autres de Août à Octobre : les premiers se consomment frais et sont parfaits de goût ; les seconds se consomment aussi en partie frais , mais les Arabes et principalement les Kabyles qui plantent les figuiers en ligne dans les vergers , en font sécher des quantités importantes qu'ils livrent au commerce.

Si la préparation en était faite avec soin , les figues d'Afrique ne le céderaient en rien aux figues de Naples et du midi de la France ; une bonne culture ajouterait encore à la qualité de ce fruit , qui peut offrir de précieuses ressources.

La Vigne. — Les indigènes ne buvant point de vin , ne cultivent la vigne qu'en très-petite quantité pour la consommation du raisin à la main. On le mange frais , ou séché au soleil : les Kabyles en livrent des quantités importantes à l'état sec.

La vigne vient admirablement en Afrique : à trois ans , elle donne déjà de très-bons produits , et le vin qu'elle fournit est de très-bonne qualité. On y reviendra, à l'article de la colonisation Européenne.

L'Oranger. — Le *bigaradier franc* et le *citronnier* sauvage croissent spontanément en Algérie.

Auprès des villes , et même dans les premières gorges du Petit Atlas, les Arabes cultivent l'oranger , le bergamottier , le cédratier, et diverses espèces de limoniers

Cet arbre exige d'abondants arrosages ; aussi ne le cultive-t-on qu'à portée des cours d'eau. Il prend , en Algérie , des dimensions considérables : certaines orangeries prennent l'aspect de véritables forêts , sous l'ombrage épais et parfumé desquelles ne pénètre jamais un seul rayon de soleil.

Le produit de cet arbre est considérable, et Paris fait aujourd'hui une immense consommation de ses fruits , qui , tous , en arrivant dans la capitale , reçoivent , sans distinction d'origine , le nom d'oranges de Blidah. Blidah , vous le savez , Messieurs , est une petite ville à 50 kilomètres d'Alger : ses murs sont entièrement entourés de belles orangeries.

L'Amandier. — L'amandier qui peut devenir entre les mains des colons intelligents , un arbre de très-haut rapport , est cultivé par les Arabes , mais en assez petite quantité, et avec la négligence qu'ils apportent à toutes leurs cultures.

J'ai déjà dit que jamais, sous l'heureux climat de l'Algérie , l'amandier n'était exposé aux vicissitudes atmosphériques comme dans le midi de la France , où sa récolte est si souvent compromise. Il fleurit , noue et mûrit toujours des fruits nombreux : on ne cultive en général , que les qualités à coques dures ou à coques demi-dures.

Le Noyer. — Le noyer est très-beau et très-vigoureux en

Algérie. Ses fruits sont tous livrés à la consommation en nature ; nulle part on ne les emploie à la fabrication de l'huile.

PISTACHIERS, PÊCHERS, PRUNIERS, CERISIERS, ABRICOTIERS, POMMIERS, POIRIERS, COIGNASSIERS. — Les pistachiers sont peu nombreux , mais réussissent très-bien.

Tous ces arbres donnent des fruits assez abondants et poussent vigoureusement ; mais chez les Arabes , le défaut de soins et de greffes convenables , ne leur permet de produire que des fruits de mauvaise qualité.

BANANIERS. — Les bananiers sont cultivés dans quelques jardins des environs des villes sur le littoral , mais ils doivent être abrités des vents du nord.

FIGUIER DE BARBARIE. — Le cactus, ou figuier de Barbarie, qui de juillet en octobre fournit, avec la plus grande abondance, un fruit sain et savoureux , va terminer la nomenclature des arbres cultivés par les indigènes.

Cette plante , dont les feuilles larges et charnues sont armées d'épines très-aigües , sert de clôtures et entoure les maisons , les gourbis et les parcs dans lesquels on enferme les troupeaux.

Le fruit est , pendant quatre mois consécutifs, chaque année, l'aliment presque exclusif des pauvres; c'est une précieuse ressource pendant les chaleurs et les sécheresses de l'été ; il est très-recherché par tous les bestiaux : les chameaux et les bêtes bovines mangent également le fruit et la feuille.

BESTIAUX.

J'ai dit en parlant de la zoologie du pays, ce qu'étaient et ce que pouvaient être les animaux élevés par les indigènes; je vais me borner à constater ici le nombre des animaux qu'ils possèdent, d'après les documents officiels , extraits des tableaux de la situation des établissements français en Algérie de 1852 à 1854.

Ce nombre comprend, pour toute l'Algérie , environ 131,055 chevaux , 109,069 mulets , 213,321 chameaux, 1,031,738 bœufs et vaches, 6,850,205 moutons, et 3,384,902 chèvres ; ensemble, 11,720,290 animaux, soit une tête pour trois hectares environ, et nn peu plus de cinq têtes par individu de tout âge.

COLONISATION EUROPÉENNE.

Ce serait une histoire curieuse, intéressante, et surtout fertile en enseignements, que celle du mouvement de la population Européenne depuis notre occupation jusqu'à ce jour.

Dire combien d'aventureux pionniers de la civilisation ont payé de leur vie l'occupation laborieuse de ce sol ; comment des localités incultes, insalubres, d'abord misérables villages, sont aujourd'hui en voie de devenir des villes florissantes par leur agriculture, leur industrie et leur commerce; comment ces localités, qui ont vu leurs premières populations pour ainsi dire anéanties par les fièvres paludéennes, jouissent aujourd'hui d'une salubrité parfaite et sont paisiblement habitées par de nombreux et robustes colons ; comment des lieux jadis déserts et abandonnés aux hyènes et aux troupeaux de chacals sont actuellement couverts de riches moissons et de récoltes industrielles ; suivre pas à pas jusqu'à nos jours ces transformations successives et les progrès de la civilisation; oui, ce serait une histoire bien curieuse et pleine d'utiles enseignements.

Mais ce travail sortait évidemment du cadre de ce rapport. Du reste le peu de temps mis à ma disposition ne m'aurait pas permis de réunir tous les matériaux utiles, de les coordonner et d'en tirer la conclusion : je vais seulement vous donner, sur ce point, l'état de la population Européenne au 31 décembre 1854, époque du dernier dénombrement.

A cette époque, elle s'élevait, dans les territoires civils et dans les territoires militaires, au chiffre total de 151,691 habitants de toute nationalité, de tout sexe et de tout âge.

En défalquant d'abord de ce nombre, ce que le Ministère de la Guerre appelle la population en bloc qui, réunie dans une colonne spéciale, se monte à 8,304 individus et comprend le personnel des établissements publics, tels que : hôpitaux, orphelinats, lycées, etc., de même que les transportés politiques et les réfugiés étrangers à la solde de l'État, le chiffre de la population coloniale administrée se trouve ainsi réduit à 143,387 individus, dont 129,920 administrés civilement et 13,467 administrés militairement.

Ce nombre se décompose encore, quant aux nationalités, en 79,577 Français, et 63,810 Espagnols, Italiens, Anglo-Maltais, Allemands, Suisses, Belges ou Hollandais, Anglais et Irlandais, Polonais, Portugais et Grecs, ainsi classés d'après leur importance numérique. Ce même nombre total se décompose aussi en 50,662 hommes, en 36,112 femmes et 56,613 enfants; et enfin, quant à l'habitation, en 86,019 de population urbaine, 18,150 de population rurale, et 39,218 de population agricole.

La population rurale se trouve répartie aujourd'hui en près de 200 communes; l'administration fait étudier l'établissement de nouveaux centres, et des compagnies sont en instance pour obtenir de vastes concessions sur lesquelles elles prennent l'engagement de créer, de leur côté, des villes et des villages. L'ère de paix dans laquelle la France vient d'entrer après une guerre glorieuse et féconde, fait espérer qu'un grand élan va être donné à la colonisation, et que l'Algérie, sortant enfin de ses langes, va prendre, dans le monde civilisé, le rang que son étendue et sa haute fertilité lui assignent.

CULTURES EUROPÉENNES ACTUELLEMENT PRATIQUÉES.

En tête des cultures annuelles, il faut placer les céréales dont la production a pris, dans ces derniers temps, une si grande extension, et qui ont fourni à notre armée de Crimée et à la métropole de précieuses ressources.

Après elles vient, en première ligne, le tabac qui donne des produits si riches et dont la culture est définitivement acquise à l'Algérie; en deuxième ligne, le coton, dont les cultures ont occupé, en 1854 et 1855, des surfaces considérables, et promettent à la

colonie un si bel avenir, et à l'industrie métropolitaine un si riche
élément pour ses manufactures. Viendront ensuite diverses autres
plantes admises, mais en moindre quantité, dans la culture pra-
tique, ou seulement à l'état d'essai ou d'avenir.

CÉRÉALES ET FARINEUX.

Ainsi que cela a été pratiqué plus haut pour la culture Arabe, je
vais résumer, dans un court tableau, les rendements des cultures
Européennes.

ANNÉES	PROVINCES.	NOMBRE d'hectares ensemencés.	RENDEMENT total de la récolte. Hectolitres.	RENDEMENT moyen par hectolitre.	POIDS de l'hectolitre.	NATURE des semences.
					k. g.	
		8945 82	80855 »	9 »	75 91	Blé tendre.
		4115 52	52151 »	7 80	78 40	Blé dur.
		94 29	1211 »	12 85	71 20	Seigle.
	ALGER.	2750 27	51597 »	11 50	59 25	Orge.
		1655 68	27546 »	16 51	51 59	Avoine.
		525 72	5985 »	11 40	72 78	Maïs.
		554 58	7209 »	15 67	68 25	Fèves.
		6425 40	45541 »	6 78	77 60	Blé tendre.
		5066 15	36864 »	7 28	78 57	Blé dur.
1855	ORAN.	465 05	2884 »	6 22	75 22	Seigle.
		5682 45	50127 »	8 82	58 84	Orge.
		60 50	758 »	12 52	49 78	Avoine.
		245 45	2025 »	8 50	72 77	Maïs.
		105 51	1555 »	12 65	75 »	Fèves.
		571 70	11662 »	20 40	80 44	Blé tendre.
		6559 50	58954 »	9 »	77 28	Blé dur.
	CONSTANTINE.	52 »	783 »	15 »	70 »	Seigle.
		5672 80	58642 »	10 55	58 22	Orge.
		22 »	287 »	13 »	45 75	Avoine.
		148 »	2551 »	17 »	66 »	Maïs.
		262 »	5857 »	14 70	72 58	Fèves.

ANNÉES	PROVINCES.	NOMBRE d'hectares ensemencés.	RENDEMENT total de la récolte. — Hectolitres.	RENDEMENT moyen par hectolitre.	POIDS de l'hectolitre.	NATURE des semences.
	ALGER. . . .	8618 »	103547 »	12 »	79 50	Blé tendre.
		4889 »	54124 »	11 »	79 »	Blé dur.
		3002 50	46430 50	15 46	59 »	Orge.
		108 »	1288 »	12 »	70 »	Seigle.
		1572 »	31348 »	20 »	47 »	Avoine.
		475 75	8252 50	17 30	72 50	Maïs.
		795 »	13453 25	17 »	66 »	Fèves.
1854	ORAN. . . .	7221 31	88459 88	12 25	75 »	Blé tendre.
		5188 25	60598 94	11 64	80 »	Blé dur.
		4129 25	59927 15	14 51	60 »	Orge.
		585 10	4095 70	10 74	72 50	Seigle.
		101 90	1852 »	18 »	55 »	Avoine.
		324 50	5991 12	12 30	80 »	Maïs.
		49 90	631 70	12 65	75 »	Fèves.
	CONSTANTINE.	1033 75	8590 63	8 18	80 »	Blé tendre.
		14498 50	196558 20	13 55	78 »	Blé dur.
		8206 10	156700 74	19 »	58 »	Orge.
		58 50	529 37	6 21	75 »	Seigle.
		21 15	511 20	14 71	50 »	Avoine.
		145 »	2173 36	15 »	72 »	Maïs.
		746 75	10098 80	13 52	76 »	Fèves.

Si l'on réunit maintenant les trois provinces en un seul tableau, on trouvera que la production générale de l'Algérie, par la colonisation Européenne, a été, pour les années 1853 et 1854, suivant les deux tableaux ci-après :

ANNÉES.	ESPÈCE de RÉCOLTE.	SURFACE ensemencée.	PRODUIT TOTAL.	MOYENNE du produit par hectare.	POIDS MOYEN de l'hectolitre.
	Blé tendre. .	15944 »	135838 »	8 52	77 62
	Blé dur. . .	15688 »	127932 »	8 15	78 02
	Seigle. . .	609 »	4878 »	8 »	71 44
1853	Orge. . . .	12007 »	120376 »	10 »	58 44
	Avoine. . .	1736 »	28391 »	16 45	49 37
	Maïs. . . .	916 »	10559 »	11 52	70 »
	Fèves. . . .	901 »	12399 »	13 76	71 28
	Blé tendre. .	16893 06	200596 43	11 87	78 »
	Blé dur. . .	24586 85	311071 14	12 65	79 »
	Seigle. . .	527 60	5723 15	10 84	75 »
1854	Orge. . . .	15557 85	263067 59	17 15	59 »
	Avoine. . .	1695 05	33491 20	19 75	50 »
	Maïs. . . .	945 25	14287 17	15 11	77 »
	Fèves. . .	1588 65	24153 86	15 20	75 »

Ainsi que la remarque en a été faite en parlant des cultures Arabes, la province d'Oran, plus particulièrement atteinte par les intempéries de l'année 1853, aurait donné exceptionnellement un rendement très-bas qui concourt à faire tomber, d'une manière très-sensible, les rendements des deux autres provinces; en effet, malgré le rendement en blé tendre de la province d'Alger, qui a été de 9 hectolitres par hectare, et celui plus élevé de la province de Constantine, qui a dépassé 20 hectolitres, on a vu le rendement moyen de ces trois provinces réunies, tomber à 8 h. 52 c. Il en a été de même des autres articles, sauf l'avoine et les fèves dont les produits ont été satisfaisants.

Il ressort de tous ces chiffres une différence notable entre les rendements des Arabes et ceux obtenus par les Européens. La cause en est saisissante : c'est que ceux-ci donnent à leurs labours un peu plus de soins que les premiers. La terre d'Afrique, on ne saurait trop le répéter, est une terre très-fertile; mais, pour parer aux inconvénients des pluies de la fin de l'hiver et de la sécheresse de l'été, il faut donner des labours d'une certaine profondeur : c'est l'opinion de colons Algériens expérimentés et dignes de confiance.

TABAC.

—

« Rien n'est plus intéressant et en même temps plus curieux à ob-
» server que le développement graduel et rapide dont cette culture
» est incessamment l'objet. Pour montrer combien l'essor a été
» considérable, il suffira d'invoquer le témoignage des chiffres ci-
» après qui sont le relevé exact des plantations effectuées par les
» colons pendant la période écoulée de 1851 à 1854 inclusivement.
» Ainsi il y a eu :

» En 1851,   537 planteurs et   446 hectares 89 ares.
» — 1852,   917   d°   1,041   d°   73   d°
» — 1853, 1,688   d°   2,287   d°   34   d°
» — 1854, 2,328   d°   2,818   d°   92   d°

Ces quelques lignes sont extraites textuellement du tableau publié par le Ministère, de 1852 à 1854.

La récolte de 1853, estimée d'après les quantités livrées soit à l'industrie locale, soit au commerce, soit à l'administration, s'élevait au chiffre de 2,163,517 kilo. En 1854, ce produit avait presque doublé, et il a encore gagné en 1855, année pendant laquelle le nombre d'hectares plantés en tabac se serait élevé de 6 à 7,000.

Le produit brut d'un hectare en terre non arrosée, mais convenablement fumée, labourée et nettoyée, peut varier de dix à quatorze quintaux métriques, valant de 1,000 à 1,300 fr. : à l'arrosage, ce produit est de vingt à vingt-quatre quintaux métriques et peut valoir de fr. 2,000 à fr. 2,400.

Cette culture étant, avec celle du coton, la plus importante pour l'avenir de l'Algérie, je ne crains point d'emprunter encore quelques lignes au travail publié par le Ministère. Il y aura là plus d'authenticité, et par conséquent plus de dispositions chez mes auditeurs à y ajouter foi :

« Si, sous le rapport des quantités, les résultats ont été très-remar-
» quables, l'amélioration générale dans la qualité des produits n'a
» pas été un moindre sujet de satisfaction ; les tabacs de la campa-
» gne de 1853 se distinguent de ceux des récoltes antérieures par
» la finesse des feuilles, par leurs belles couleurs, par leur parfum
» agréable.

» Déjà précédemment les produits Algériens étaient classés dans
» les manufactures de France avant ceux de l'Egypte, de la Macé-
» doine et de la Grèce ; les produits obtenus en 1853 leur ont
» permis de lutter avec avantage contre ceux de Hongrie, dont la
» saveur est moins agréable ; contre ceux du Kentucky, qui ne sont
» ni plus fins ni plus combustibles; même contre ceux du Maryland,
» qui ont moins de moëlleux et de douceur. Avant 1853, ils étaient
» presque exclusivement employés à la fabrication du Scaferlaty pour
» lequel ils ont un mérite réel ; à partir de cette époque, ils ont
» pu entrer dans la composition des cigares et fournir ainsi à la
» Régie des matières plus estimées.

» Encore un peu de temps, et les colons, désormais fixés sur les
» meilleures méthodes et sur le bon choix des graines à cultiver,
» parviendront à donner à leurs produits une homogénéité qui leur
» manque encore quelquefois, mais qu'ils acquerront rapidement;
» alors les tabacs de l'Algérie auront leur cachet propre et leur
» réputation justement établie; ils auront un nom dans le commerce,
» et l'on verra sur les marchés de la colonie les régies étrangères
» venir faire concurrence, pour l'achat des produits, à la régie de
» France qui n'est pas seule à rechercher les tabacs de belle qualité.
» Alors les millions que l'administration métropolitaine consacre
» annuellement à l'achat des tabacs exotiques, viendront enrichir
» l'Algérie et contribuer au développement des autres cultures
» industrielles *pour lesquelles elle a une aptitude non moins*
» *certaine.*

» Et qu'on ne voie pas là une illusion que l'expérience et l'avenir
» ne sauraient confirmer! Sur aucun point du globe peut-être, la
» culture du tabac n'est aussi généreusement favorisée par la nature,
» que par le sol et le climat Algérien où le planteur n'a qu'à prépa-
» rer ses succès par une bonne culture et à se les assurer par des
» soins bien entendus pendant la dessication et le triage. Il ne peut
» y avoir dans la colonie de tabacs défectueux que ceux que les
» producteurs inexpérimentés récoltent avant leur maturité ou qui
» se détériorent à la pente à défaut de séchoirs convenables; ou
» bien encore ceux qui, plantés tardivement sur des terres non
» irrigables et mal préparées, avortent avant d'avoir acquis leur
» développement naturel. Mais les colons ne commettent qu'une
» fois des fautes de ce genre et l'observation leur a bientôt appris
» à faire un meilleur usage des bienfaits que la Providence leur
» prodigue à pleines mains; aussi les voit-on se livrer, avec ardeur,
» à cette culture dont ils apprécient tous les avantages et dont ils
» connaissent maintenant toutes les ressources. »

DU COTON.

—

Voici maintenant non point la rivale du tabac, mais sa sœur; car en agriculture, il n'y a pas de rivalité possible entre deux plantes qui prospèrent également bien sur le même terrain, auxquelles les mêmes soins suffisent, et dont les produits destinés à satisfaire à des besoins différents, sont également avantageux; on n'a pas à choisir entre elles, on les adopte toutes les deux.

La consommation des cotons et principalement des Géorgies longue soie, augmente en France dans de grandes proportions, ainsi que le prouvent les chiffres suivants établis par M. Cox, l'habile filateur de la Louvière-lez-Lille, dans un rapport à M. le Ministre de la Guerre.

Les importations ont été :

    . De 1843 à 1845, de   465,000 kos par année,
    — 1845 à 1848, de   785,000 »   do
    — 1848 à 1851, de   960,000 »   do
    — 1851 à 1853, de 1,136,000 »   do

Ainsi, tandis que l'industrie cotonnière se développe sur une immense échelle dans les États d'Amérique, la consommation augmente considérablement en France. La production agricole de ces États pourrait ne plus suffire bientôt à alimenter les filatures Européennes; continuerait-elle à suffire, qu'il y aurait encore un avantage immense pour la France à produire, sur le sol Algérien, non seulement pour ses propres fabriques, mais encore pour les fabriques des autres États Européens, les cotons qui leur sont nécessaires; car, à égalité de culture et de produit, l'Algérie, par sa proximité, défierait la concurrence des États-Unis.

C'est parce qu'ils ont compris tous ces avantages, que les colons Algériens se sont livrés, depuis 1851, et avec le plus louable élan, à cette culture précieuse. Pour s'en convaincre, il suffit de connaître la progression qui s'est manifestée de 1851 à 1854 :

En 1851, trois planteurs seulement,
— 1852, 109 d° sur 44 hectares 94 ares,
— 1853, 900 d° sur 573 d° 29 »
— 1854, (inconnu) sur 1,720 d° » » »

Pour 1855, les documents ont manqué ; mais le rapport de la commission chargée de l'inspection des cotonneries pour la distribution des prix accordés par le Gouvernement, constate une forte augmentation dans les cultures sur celles de l'année précédente : un seul cultivateur a ensemencé 105 hectares en coton, dans cette année 1855.

Cette progression rapide prouve toute l'importance que le coton présente à la culture Algérienne et l'avenir qu'elle ouvre aux colons.

On a cultivé en Algérie quatre espèces de coton : le coton Géorgie longue soie le plus recherché et partant celui dont le prix est le plus élevé, mais c'est aussi le plus exigeant pour le sol, la température et les soins ; le Louisiane courte soie, le plus cultivé après le précédent ; le Jumel, et enfin le Nankin.

Le Louisiane, beaucoup moins exigeant que le Géorgie longue soie, quant au sol, à la température et à l'arrosage, devra être préféré dans les localités moins favorisées et surtout éloignées du littoral.

Le coton longue soie, en terres non arrosées, peut donner de 400 à 600 kilogrammes ; en terres arrosées, le double. Le rendement des autres cotons est plus considérable, mais le prix en est aussi plus faible.

L'administration a fait le relevé des douze planteurs qui ont le mieux réussi dans la province d'Oran. Il en résulte que *les produits nets* de l'hectare ont varié dans les proportions suivantes :

1° 619	5° 1,743	9° 2,690	3,611
2° 805	6° 1,848	10° 2,744	8,216
3° 1,004	7° 2,107	11° 3,060	11,974
4° 1,183	8° 2,518	12° 3,480	»
3,611	8,216	11,974	23,801

Ensemble 23,801 fr. ; soit, en moyenne, par hectare, *un produit net* de 1,983 fr. 41 c.

Ce rendement avantageux ne saurait cependant servir de base à des évaluations sérieuses, car il ne faut pas oublier qu'il a été pris sur les douze plantations les plus belles; de même qu'il ne faudrait pas non plus prendre pour base les résultats plus que modestes de certaines plantations, dont l'une, entr'autres, a laissé une perte de 13 centimes sur les frais de culture. Une plantation de coton, des environs de Blidah, aurait donné, d'après des certificats délivrés par le maire de cette commune, un bénéfice net de 7,005 fr. : c'est, pour le planteur, une heureuse exception.

Quoi qu'il en soit, les brillants résultats obtenus pour ainsi dire dès le début de cette culture, par quelques planteurs, prouvent suffisamment que cette culture réussira parfaitement en Algérie, et donnera de grands bénéfices à ceux qui la feront avec intelligence.

Quelques déceptions qui ont eu lieu ne doivent pas décourager : le tabac n'a-t-il pas eu, lui aussi, ses temps d'épreuves ! Les commencements n'ont-ils pas été difficiles ! Pourtant il enrichit aujourd'hui tous les cultivateurs. Sans aucun doute, il en sera de même de la culture du coton. Dans les premières années, il a fallu tâtonner, faire des essais, et les succès nombreux qu'il est déjà permis d'enregistrer, donnent la mesure des heureux résultats qui attendent les planteurs, lorsqu'ils auront acquis l'expérience qui fait encore défaut à quelques-uns d'entr'eux.

Il n'est pas inutile de dire, en terminant cet article, que la fabrique française apprécie les cotons Algériens, longue et courte soie, à l'égal des meilleurs cotons Américains.

Après vous avoir entretenu, Messieurs, des deux plantes principales sur lesquelles doit s'appuyer la colonisation Algérienne, je vais dire rapidement quelques mots de certaines autres cultures.

LE MILLET. — Le millet convient tout spécialement à l'Algérie : il est d'une croissance rapide et d'un produit considérable, tant par son grain qui sert à la nourriture des hommes comme des animaux, que par sa paille qui fournit un excellent fourrage. Cette culture est déjà répandue chez un grand nombre de cultivateurs.

Il en est de même des sorghos, dont une variété, connue par les

Arabes sous le nom de buchena, est généralement cultivée surtout dans la province d'Alger, où, sur les terrains secs, elle remplace avantageusement le maïs. Son grain, mélangé à l'orge ou au blé, et réduit en farine, est, pour les Arabes pauvres, une ressource précieuse. Les sorghos engraissent bien les animaux, qui mangent, avec plaisir, son herbe et sa paille lorsque les tiges ne sont pas trop fortes.

Pois. — Les pois, qui réussissent très-bien, se sèment en hiver; dans les terrains arrosés, on sème toute l'année. Alger fournit aujourd'hui à Paris, dès le mois de décembre et comme primeur, de grandes quantités de pois verts d'un excellent goût et très-recherchés.

Haricots. — Il en est de même pour les haricots.

Lentilles, etc. — Les lentilles et tous les autres légumes farineux que l'on cultive en France, viennent parfaitement en Afrique et y atteignent, en un temps infiniment plus court, le terme de leur végétation.

Pommes de Terre. — En tête des récoltes racines, il faut placer la pomme de terre qui, semée en octobre, peut se récolter dès janvier : on peut faire, sur le même sol, trois récoltes successives de ce tubercule précieux, mais il faut d'abondants engrais.

La culture du topinambour n'est pas encore très-répandue, mais elle réussit parfaitement. Son fruit savoureux et aqueux doit être une ressource précieuse dans ces contrées chaudes. Sa tige sert de combustible, et ses feuilles sont mangées avec plaisir par le bétail ; d'après une communication récente faite à l'Académie des Sciences, ses tiges hachés donneraient une très-bonne liqueur vineuse. 50 kilogrammes donneraient un hectolitre de boisson aussi spiritueuse que le plus fort cidre.

La Patate. — La patate, originaire de l'Inde et cultivée en Espagne, réussit aussi parfaitement en Afrique ; elle est fort agréable comme plante culinaire et peut varier l'alimentation. Elle exige d'abondants arrosages, mais elle donne des produits considérables.

Jusqu'à présent, elle est à peu près restée dans le partage exclusif de la culture Espagnole.

IGNAME. — L'igname de la Chine dont les essais ont également bien réussi, vient s'ajouter à ces ressources alimentaires.

BETTERAVE. — La betterave se sème ou se repique en Afrique, en hiver comme en été : la rapidité de sa végétation qui la fait généralement monter en graine avant son entier développement, paraît un obstacle sérieux à sa culture sur une grande échelle. Il est à croire qu'elle ne sera cultivée que comme plante potagère.

Comme plante fourragère, elle ne présente pas non plus de grands avantages, d'abord parce qu'elle ne donne pas un produit aussi considérable qu'en France, son développement se faisant trop rapidement, et ensuite parce qu'elle ne saurait être d'une grande ressource pour le bétail qui a surtout besoin de nourriture fraîche l'été et qui trouve, dans l'hiver et au printemps, une abondante nourriture dans les pâturages.

CHOUX CAVALIER. — Le choux cavalier qui produit beaucoup de feuilles et qui occupe le terrain deux ou trois ans, présente au contraire une précieuse ressource pour l'alimentation du bétail pendant toute l'année.

Enfin les carottes, les navets, les choux et toutes les autres plantes maraîchères se cultivent avec un grand succès en Algérie.

HERBAGES.

Avant de clore cette énumération des plantes alimentaires, il est impossible de ne pas dire quelques mots de ces précieuses prairies spontanées dont se couvre le sol Africain au printemps. A cette époque, les vallées, les plaines, les coteaux, les montagnes même, se couvrent d'un immense tapis de verdure et de fleurs ; la luxuriante végétation de ces produits spontanés du sol, présente un coup d'œil ravissant et étonne l'Européen nouveau dans ces heureuses contrées. Dans les plaines comme sur les coteaux, et sans parler des autres plantes de natures diverses qui croissent à foison, s'étalent de vastes surfaces couvertes de sainfoin d'Espagne, dont les panicules à fleur rouge tendre sont du plus bel aspect et dont les tiges et les feuilles forment le foin le plus estimé de l'Algérie ; les trèfles abondent surtout dans les terres fraîches. Ces herbages naturels varient singulièrement pour la quantité de leurs produits. Ils peuvent fournir depuis dix jusqu'à cinquante et même soixante quintaux métriques de foin sec par hectare.

La fauchaison commence dans la première quinzaine de mai et se poursuit jusque vers la fin de juin : dans les terres basses et humides, on fauche encore en juillet.

Les fourrages artificiels, cultivés en France, donnent également d'excellents produits en Algérie.

Luzerne. — La luzerne, dans un terrain convenable et bien arrosé, peut donner jusqu'à dix et onze coupes dans l'année : semée en octobre, elle donne des fourrages dès l'été suivant.

Le sainfoin commun réussit parfaitement bien, mais il est encore peu cultivé ; ses produits ne sont pas assez considérables pour qu'on le substitue aux herbages spontanés : on devra cependant l'admettre, en Algérie, dans les assolements, car il prépare très-heureusement le sol pour les céréales, donne un fourrage d'excellente qualité, plus abondant que les herbages naturels sur les terrains élevés, et un excellent pâturage en automne et en hiver. Le sainfoin d'Espagne paraîtrait préférable, parce qu'il craint moins la sécheresse, qu'il s'associe admirablement au raigrass et forme avec lui d'excellents herbages naturels.

Le trèfle ordinaire et le trèfle incarnat sont cultivés en petite quantité ; on doute qu'ils soient avantageux dans la culture Africaine.

PLANTES TEXTILES.

Après le coton il reste à parler du lin, du chanvre, et du palmier nain. Il est aussi d'autres plantes de la même nature qui ont été ou qui sont essayées en Algérie et qui pourront y donner des produits avantageux, entr'autres le yucca qui joue déjà un certain rôle dans la culture des États-Unis et qui paraît appelé à fournir un utile contingent à l'industrie. Cette plante est mentionnée dans l'état de situation du Ministère, et il résulterait du rapport du colon qui l'a introduite en Algérie qu'elle ne devrait pas donner moins de neuf quintaux de filasse, estimés à une valeur de 2,784 fr., ci   2,784   »

Que les frais de culture ne s'élèveraient qu'à. . .   500   »

De sorte que le bénéfice net de l'hectare serait de   2,284 f. » c.

Lin. — Les lins de Riga jouissent d'une très-grande faveur dans le commerce ; mais en France, après une récolte, les graines de ce lin perdent toutes les qualités qui les distinguent ; de là l'obligation de renouveler annuellement les semences. Des expériences répétées sur une grande échelle ont constaté qu'en Algérie, et après plusieurs récoltes successives, la graine conserve toute sa pureté et toutes les qualités originelles qui la font rechercher du commerce ; c'est là un avantage dont on comprend vite toute l'importance pour l'avenir de la colonie.

La filasse expérimentée par un des premiers filateurs de Lille, a pu être comparée aux meilleures marques de Russie par la souplesse, la belle couleur et la finesse : le rendement constaté sur 4 hectares 26 ares dans les environs de Philippeville, a été de 5,937 kilo. de lin roui, dont la filasse a été payée au producteur. . 2,514   »

Et de 3,065 kilo. de graines vendues 1,072 75

Ensemble. . . . . . 3,586 f. 75

Soit par hectare 842 fr. ; d'où, déduisant 300 fr. de frais de culture, il reste 542 fr. pour le produit net de l'hectare.

Chanvre. — Le chanvre géant de la Chine a produit en Algérie des tiges de six à sept mètres de haut, ramifiées en branches de 1^m 50^c de développement et de $0,15^c$ de diamètre à la base. D'après les essais faits, un hectare produirait environ 1,593 kilo. de filasse, et donnerait un bénéfice net d'environ 600 fr.

Son bois peut servir à faire soit des fagots, soit un charbon très-léger propre à la fabrication de la poudre à canon ; sa filasse a été complètement assimilée par la Chambre de Commerce de Paris à celle provenant des chanvres de Maine-et-Loire et de la Sarthe; semé en Mai, il peut être récolté en Octobre.

Le chanvre du Piémont dont la filasse a de l'analogie avec celle de la variété précédente donne un rendement de 1,250 kilo. à l'hectare. Le chanvre ordinaire ne donne guère que 1,000 kilo. à l'hectare ; il réussit en Algérie aussi bien qu'en Europe.

Enfin il faut dire en passant que le chanvre indigène est sans valeur comme plante textile : les Arabes le cultivent sous le nom de hachich pour l'emploi de la graine que l'on fume, et qui produit une ivresse semblable à celle de l'opium.

PALMIER NAIN. — Le palmier nain qui, par son abondance, la profondeur et la tenacité de ses racines, a fait d'abord le désespoir des premiers colons, est aujourd'hui une plante utile ; on fait avec ses feuilles finement divisées et soumises à la teinture, du crin végétal dont l'emploi est très-répandu en France comme en Angleterre ; du fil qui sert à confectionner des étoffes grossières, des cordes et enfin du papier.

ALOES. — Avec l'aloës on fabrique de très-jolies cordes prenant facilement couleur et dont on confectionne des montants de brides, des licols, etc....

PLANTES TINCTORIALES.

COCHENILLE. — En tête de ces plantes, il faut placer la cochenille susceptible de donner, dans les terrains abrités, propres à sa culture et nombreux en Algérie, des rendements de 7 à 12,000 fr. par hectare.

Cet insecte, comme vous le savez, Messieurs, naît et vit sur les feuilles du cactus nopal; on l'y multiplie en déposant sur ces feuilles des cochenilles mères. Le nopal végète parfaitement en Algérie, et la culture s'en est graduellement augmentée depuis 1851. A cette époque, le nombre des nopals plantés s'élevait à 100,000 pieds seulement ; en 1852, on comptait 500,000 pieds.

En 1853, il y a eu quelque ralentissement, et cela s'explique facilement ; le rendement établi ci-dessus, à 12,000 fr., peut même
atteindre le chiffre de 15,000 fr., car la récolte peut aller jusqu'à
1,000 kilo. l'hectare, et le kilogramme est payé à raison de 15 fr.
par l'administration Algérienne ; mais ce rendement, au lieu de pouvoir être obtenu toutes les années, ne peut être renouvelé que deux
fois seulement en cinq années et quelquefois même il faut un temps
plus long.

Les nopaleries exigent des terrains abrités soit par des haies, soit
par des murs, soit par des abris naturels. Les plantes, à certaines
époques de l'année, doivent être couvertes de paillassons pour mettre la cochenille à l'abri des intempéries. Les soins minutieux que
demande cette industrie sont évalués de 2,500 à 3,000 fr. par an et
par hectare, de sorte que le produit net réel et annuel ne s'élève
guère qu'à 2,000 ou 3,000 fr.

De là, la préférence donnée par les cultivateurs aux cultures de
tabac, de coton et autres, qui n'exigent pas d'avances aussi considérables et ne condamnent pas à une aussi longue attente ; mais il n'en
demeure pas moins établi que la nopalerie est infiniment avantageuse
dans les conditions qui lui sont propres.

La cochenille donne une belle couleur rouge qui remplace la pour-
pre des anciens et dont on forme le carmin, l'écarlate et le cramoisi.
Les produits de l'Afrique peuvent être comparés aux meilleures espèces
des Canaries et du Mexique. En 1853, la France a importé pour
une valeur de 3,325,284 fr. de cochenille.

GARANCE. — La garance qui pousse naturellement dans toutes les
haies de l'Afrique et y atteint d'énormes dimensions, est recueillie
par les Arabes qui n'ont ainsi d'autres soins à lui donner que de la
récolter.

Elle réussit également bien dans les trois provinces, et ses tiges,
dans les bons terrains, atteignent des longueurs de plus de deux
mètres et se chargent de graines dès la première année.

La Société industrielle de Mulhouse et la Chambre consultative de
Louviers se sont empressées de se joindre à l'administration pour

stimuler, par des récompenses, une culture dont elles ont apprécié les avantages. Indépendamment de son rendement propre, qui est fort important, cette culture exerce une heureuse influence sur les récoltes qui la suivent, par les défoncements et les travaux qu'elle exige ; elle réussit également dans les terrains irrigués ou non, et, par ses qualités, elle égale les types les plus renommés de l'Europe.

Son produit, en racines, a été, chez M. Chirat, qui l'a introduite dans la province de Constantine, de 5,009 kilogr.; en fourrage, de 39 quintaux métriques; et en graines, de 301 kilogr. Au prix de 70 fr. les 100 kilogr., les racines ont produit. . . 3,506 f. 35 c.

Les fourrages, à 40 fr. les 100 kilogr. . . . . . 136 »
Et les graines, à 50 c. — 150 50

Produit brut. 3,812 85
Les dépenses ont été de. . . . . 1,677 »

Et le produit net de. . . . 2,135 85

Ce produit, obtenu en trente mois de culture, fait ressortir le produit net annuel de l'hectare à 854 fr. 35 c.; en 1851, la culture ne portait que sur 2 hectares; en 1853, elle comptait 64 hectares 29 ares.

INDIGO. — L'indigo prospère dans les régences de Tunis et de Tripoli ; on le rencontre en Egypte, en Espagne, en Italie et aux environs de Tiflis ; dans le Caucase, sous une latitude plus septentrionale que celle d'Alger, on le cultive sur de vastes étendues. Il devenait évident, en raisonnant par analogie, qu'il devait également bien réussir en Afrique. L'expérience a pleinement confirmé ces prévisions, mais cette expérience n'a encore été faite que dans les jardins d'expérimentation du Gouvernement; les colons, attirés vers les cultures plus connues et plus faciles du tabac et du coton ; ont négligé beaucoup de plantes dont ils s'empareront plus tard, à mesure que la culture s'étendra par des défrichements, à mesure surtout qu'elle aura à sa disposition des bras plus nombreux et des engrais au moins aussi indispensables en Algérie qu'en France.

Le Henné. — Le henné , petit arbrisseau qui s'élève à trois ou quatre mètres de hauteur et qui a une grande ressemblance avec le troëne , appartient exclusivement jusqu'à ce jour à la culture indigène. Il jouit d'une grande faveur parmi les Arabes : ses feuilles , réduites en poudre, puis délayées dans de l'eau, donnent une couleur rouge orange dont on fait usage pour teindre les ongles, les doigts, les mains , les pieds, quelquefois les lèvres ; on s'en sert aussi pour teindre les cheveux des enfants , la queue , la crinière et parfois les jambes des chevaux. Enfin il entre dans la préparation de la pharmacie vétérinaire Arabe.

La récolte de cette matière colorante est loin de suffire aux besoins de la colonie, et, comme d'un autre côté, la consommation en est très-considérable dans tout l'Orient, qui l'importe en quantités très-importantes , la culture de cet arbrisseau pourrait recevoir d'utiles développements , avec la perspective d'un écoulement assuré.

Sumac. — Parmi les essences ligneuses propres à la teinture, que possède en grand nombre l'Algérie , il faut aussi mentionner le sumac. Son écorce donne une couleur rouge ; elle sert à teindre les beaux cuirs maroquins qui nous viennent du Maroc. En 1853 , l'importation des sumacs en France s'est élevée à 700,569 fr.

Enfin , l'Algérie peut encore fournir une foule d'autres plantes tinctoriales , telles que : le safran , la gaude, le pastel, le kermès, le tournesol , l'oseille , les lichens , la noix de gale , etc., etc.

PRODUCTIONS OLÉAGINEUSES.

Olivier. — On rencontre cet arbre précieux dans toutes les forêts, dans toutes les haies , dans tous les champs de l'Algérie, sur les montagnes comme dans le fond des vallées ; il y acquiert des dimensions gigantesques. Dire les produits prolongés qu'il peut donner , le terme de sa vivacité et sa résistance à tous les outrages, à toutes les mutilations qu'on lui fait subir , serait chose impossible. Sa culture bien entendue suffirait seule pour faire la fortune de la colonie.

Sans tenir compte des innombrables sujets isolés qui peuplent l'Algérie, non plus que des groupes nombreux et importants dont la superficie est couverte, il suffira de dire que les forêts plantées en essences d'olivier seulement, ne comprennent pas moins de 21,200 hectares, répartis ainsi qu'il suit : dans la province d'Alger 3,013 hectares ; dans celle d'Oran , 8,000 ; et dans celle de Constantine , 10,187.

L'œuvre de la colonisation embrasse peu à peu ces quantités prodigieuses d'arbres pleins de force et de vigueur et qui ne demandent, pour donner des produits abondants et de qualité supérieure , qu'un bon greffage et des soins entendus

Voici quelques renseignements qui pourront donner une idée de l'extension rapide qui a été donnée à cette production spéciale de 1851 à 1853 : ils sont relatifs au nombre des moulins à huile fonctionnant alors dans les trois provinces , au nombre d'oliviers greffés à cette même époque, et à la quantité d'huile produite.

Dans la province d'Alger , il y avait, en 1851 , trois moulins à huile ; en 1853 , il y en avait treize. On y comptait 15,000 pieds de dix ans de greffe , 30,000 de cinq ans , 45,000 de deux à quatre ans : la récolte fut alors évaluée à 3,000,000 de litres d'huile , dont 2,000,000 livrés à l'exportation , et 1,000,000 consommés sur place.

Avant 1852 , la province d'Oran ne possédait pour ainsi dire pas de moulins à huile ; à la fin de 1853 , on en comptait 28 répartis dans toute son étendue : une compagnie de soldats greffeurs y a greffé , en 1853 , 18,450 sujets. La production de l'huile y fut alors évaluée à 800,000 litres ; celle de Tlemcem est la plus estimée.

La province de Constantine avait, en 1851 , treize moulins, et vingt-quatre en 1853. La production de cette province a été alors évaluée à 6,000,000 de litres, dont la Kabylie a fourni la plus grande partie, car la Kabylie possède douze à quinze cents petites usines fort imparfaites sans doute , mais qui n'en livrent pas moins des quantités considérables d'huile au commerce. Les colons Européens avaient alors greffé 132,000 pieds. En 1854, l'Algérie a exporté en France, 2,486,632 kilo. d'huile d'olive, valant un franc le kilogramme.

LE LIN. — Il a déjà été parlé du lin, comme plante textile ; comme plante oléagineuse, on se bornera à dire que l'huile de graine de lin Algérienne est très-estimée et que le produit de la graine en huile est de 37 0/0.

L'ARRACHIDE OU PISTACHE DE TERRE — Cette plante qui réussit parfaitement en Algérie dans les terrains légers et sablonneux, présente cette particularité remarquable que, pour les mûrir, elle renferme ses fruits dans le sol. Ce fruit est bon à manger cru ou grillé ; les Espagnols et les Maltais surtout le mangent avec plaisir ; il entre dans la confection des rafraîchissements ; il fournit une farine que l'on peut substituer à celle des amandes. Son huile est bonne à manger ; elle est également bonne pour l'éclairage, elle sert pour la fabrication des savons ; la graine rend 40 0/0 d'huile, la production d'un hectare peut être évalué de 2,400 à 3,600 kilogrammes.

COLZA, SÉSAME, ETC.— Il est pour ainsi dire superflu de dire que les autres plantes oléagineuses, telles que le colza, le sésame, la moutarde, etc., réussissent parfaitement en Algérie et y donnent de remarquables produits.

Je vais terminer cette nomenclature en mentionnant deux cultures qui appartiennent plus particulièrement à ce pays ; je veux parler du ricin et du lentisque.

RICIN. — Le ricin qui, d'annuel qu'il est en France dans les contrées méridionales où on le cultive, devient vivace en Algérie et se développe au point de devenir un arbre, pousse spontanément dans les ravins, sur toutes les berges des fossés et dans les sables des dunes : il est couvert de fleurs et de fruits presque toute l'année. Jusqu'à ce moment il a été peu cultivé par les colons, cependant il peut donner un magnique rendement, sans autres soins pour ainsi dire que ceux de la récolte.

L'huile de ricin est employée en médecine comme laxatif. Marseille en fait une grande consommation pour la fabrication des savons : c'est le cap Vert qui , jusqu'à ce jour , a principalement fourni les graines livrées au commerce.

LENTISQUE. — Cet arbre toujours vert et qui se trouve répandu à profusion dans toute l'Algérie , où il forme le fond de toutes les broussailles , de tous les taillis , ne se borne point à fournir par ses feuilles et ses branches des matières utilement employées au tannage des cuirs ; ses graines fournissent encore une abondante quantité d'une huile qui, au rapport d'une commission nommée spécialement par le Ministère de l'Agriculture et du Commerce , peut remplacer avantageusement l'huile d'olive pour le travail des laines , et celle de pieds de bœuf pour le graissage des machines ; elle peut aussi servir à l'éclairage et au besoin à l'alimentation.

Le nombre vraiment extraordinaire de lentisques existant sur toute la surface de l'Algérie et la facilité avec laquelle on peut se procurer cette graine , presque sans frais , devront lui assigner , dans un prochain avenir , une large place dans l'industrie Algérienne.

Une usine à vapeur établie à Philippeville pour la trituration de cette graine, a porté , en 1853 , sa fabrication sur 20,000 kilo. dont le produit en huile a été de 2,400 litres. L'Algérie a exporté en 1854 , 22,290 kilo. d'huile de cette graine , ayant une valeur de 24,519 fr.

PLANTES A ESSENCES. — Les plantes aromatiques à essences se trouvent dans des conditions très-avantageuses de réussite sous le climat Algérien , et peuvent fournir un aliment d'une certaine importance à l'industrie comme au commerce de la colonie.

De nombreuses plantes sont aujourd'hui cultivées pour l'extrait des essences : on en compte plus de trente espèces produisant des essences précieuses. En 1852 , l'étendue de ces plantations couvrait plus de douze hectares. Plusieurs distilleries se sont établies et ont trouvé un placement avantageux de leurs essences. Un colon , chimiste intelligent , est parvenu à solidifier les essences et à fixer les parfums. En 1854 , il a été exporté pour 8,792 fr. d'huile volatile.

PAVOT. — La culture du pavot somnifère a donné un opium pouvant rivaliser avec les meilleurs produits de Smyrne et de l'Inde.

PRODUITS DIVERS.

A l'article des plantes textiles, j'ai dit comment l'industrie était parvenue à utiliser une plante qui, jusqu'à présent, avait été considérée comme le fléau du cultivateur Africain, le palmier nain.

ASPHODÈLE. — Voici venir une autre plante qui occupe des surfaces considérables et qui végète surtout avec la plus grande vigueur dans les sols frais et riches, c'est l'asphodèle. Les nombreuses touffes de ses racines tuberculeuses gênent et entravent la marche de la charrue et sont redoutées dans les défrichements. Eh bien ! ces tubercules nous fournissent aujourd'hui, par la distillation, un alcool riche et de bon goût. Une usine s'était établie, dès 1852, dans la province de Constantine : elle distillait 600 litres d'alcool en 24 heures ; en 1853, une deuxième usine s'installait dans la province d'Oran et produisait dix hectolitres d'alcool par jour ; une troisième a été montée dans la province d'Alger, et, dans chaque province, une foule de petites distilleries ont été établies et ont ainsi vulgarisé la distillation.

Cette industrie, au point de vue économique, sera un véritable bienfait pour l'Algérie. Elle présente plusieurs avantages :

1º Elle permet aux cultivateurs de débarrasser leurs terres d'une plante essentiellement envahissante et par suite d'en rendre la culture plus facile ;

2º Elle donne une valeur à un produit spontané qui n'en avait aucun ;

3º Elle peut occuper des bras pendant l'époque du chômage.

On a calculé que dans la Mitidja seulement, l'asphodèle couvrait au moins 60,000 hectares qui, à un rendement de 40,000 kilog. en racines, et de 5 p. 0/0 en alcool, ne produiraient pas moins de 120,000,000 de litres d'alcool. Il résulte du rapport de M. Dumas, que cet alcool est d'une qualité très-marchande, d'un titre élevé, 33 1/3 à l'aréomètre de Cartier, et d'une pureté qui ne laisse rien à désirer.

Murier. — Le mûrier prospère partout, même sans irrigation, dans toutes les natures de sol, à toutes les latitudes, à toutes les expositions. Nul autre arbre ne croît plus rapidement : après une année de greffe, on peut le mettre en place ; à six ans, il porte 50 kilog. de feuilles qui ne sont jamais compromises par les gelées du printemps.

Quant aux vers à soie, leur éducation dans la colonie offre bien moins de chances contraires que dans la plupart des autres pays producteurs : peu ou point de froids, d'orages, de variations de temps; toujours une tiède température, une brise de mer dont l'aérage naturel prévient les touffes. Quelles meilleures conditions pourrait-on souhaiter, et comment ne pas tout espérer de l'avenir d'une production à laquelle se prêtent tant de circonstances favorables !

Ces quelques lignes, Messieurs, sont textuellement extraites de l'ouvrage déjà plusieurs fois cité et publié par le Ministère de la Guerre ; c'est à lui encore que je vais emprunter les renseignements de statistique suivants :

Les pépinières de l'État ont livré, dans les trois provinces, en 1852 62,000 pieds, et en 1853, 74,000 pieds. La quantité de graines de vers à soie délivrée aux colons par la pépinière centrale du Gouvernement à Alger, a été, en 1851, de 225 onces; en 1852, 300 onces, et en 1853, de 345 onces. Les cocons vendus et apportés à la pépinière centrale, se sont élevés aux quantités ci-après, savoir : en 1851, à 9,824 kilog. ; en 1852, à 11,618; et en 1853, à 17,276 kilogrammes.

Je dois ajouter, Messieurs, que ces chiffres n'indiquent d'une manière très-exacte, ni les quantités produites, ni la progression des éducations, car il a été constaté que plusieurs éducateurs avaient opéré eux-mêmes le filage de leurs produits ; de la même manière que beaucoup de cultivateurs faisant venir leurs plants de France, ou les élevant eux-mêmes, il ne faut pas non plus considérer comme parfaitement exacte la statistique ci-dessus des mûriers plantés.

Oranges. — Les orangeries d'abord négligées, ont attiré depuis quelques années l'attention des agriculteurs et des spéculateurs. Ce n'est qu'à partir de 1850, que l'exportation des oranges a commencé à se faire sur les marchés de la France. En 1852, 7,000,000 d'oranges auraient été expédiées en France ; en 1853, on aurait expédié 6,700 caisses d'une valeur de 137,360 fr. On a calculé que chaque arbre avait rapporté un bénéfice moyen de quatre francs.

Le département d'Alger comptait, à la fin de 1853, trois cent onze orangeries sur une superficie totale de 307 hectares, composées de 50,877 pieds, et d'un revenu annuel de plus de 200,000 fr.

Les Arabes, ne labourant pas leurs orangeries, les arrosant sans discernement, n'émondant point les arbres, n'obtiennent guères, par hectare, qu'un revenu annuel net de cinq à six cents francs ; les Européens en obtiennent un de huit cents à douze cents francs.

Les orangeries exigent impérieusement l'arrosage.

Bien d'autres plantes pourraient être ajoutées à cette nomenclature déjà si riche ; mais je vais la clore (car il en faut finir) par la mention de trois plantes précieuses : la canne à sucre ; le sorgho à sucre ; et le café.

CANNE A SUCRE. — La canne à sucre a été l'objet de plusieurs essais entrepris sur une petite échelle ; ils ont complètement réussi ; le seul obstacle, est-il dit dans l'ouvrage du Ministère déjà cité, qui se soit opposé jusqu'à présent à l'essai de cette production, est l'absence d'une industrie correspondante pour en utiliser et fabriquer les produits. Bien que cette industrie exige un matériel considérable et un grand attirail d'appareils de toutes sortes, on est fondé à penser qu'elle ne tardera pas à s'implanter dans le pays.

SORGHO A SUCRE. — Le sorgho à sucre, cultivé à titre d'expérience à la pépinière centrale du Gouvernement à Alger, a donné des résultats tels que la naturalisation de cette plante n'est l'objet d'aucun doute : les colons en tireront un immense profit en consacrant les produits à la fabrication de l'alcool. Les plantes se sont élevées de 3ᵐ 50 à 4ᵐ de hauteur; les tiges étaient grosses et bien nourries et le jus qui en a été retiré avait une densité de huit degrés de Cartier.

Le savant directeur de la pépinière centrale, M. Hardy, vient de faire sur le sorgho à sucre un petit traité qui a été inséré dans les *Annales de la colonisation Algérienne,* du présent mois de Mai 1856. Je le recommande à la sérieuse attention de toutes les personnes qui s'occupent d'agriculture, de commerce, ou d'industrie ; et, pour piquer leur curiosité, je crois devoir en extraire le paragraphe suivant :

« Par la richesse alcoolique, comme par la facilité de sa culture
» en Algérie, le sorgho à sucre me paraît appelé à prendre une part
» importante dans la production Algérienne et à y fournir un ali-
» ment considérable à l'activité industrielle qu'il est si désirable de
» voir s'élever parallèlement à l'agriculture. Cette exploitation, je la
» considère comme très-sérieuse, très-durable et nullement destinée
» à satisfaire des besoins passagers pour disparaître ensuite ; elle est
» en tout de nature à survivre aux circonstances qui la font naître ;
» je veux dire que, quand même la maladie de la vigne viendrait à
» disparaître complètement, ce que Dieu veuille ! que des brûleries
» de vin seraient remises en activité comme par le passé, la pro-
» duction de l'alcool de sorgho sucré en Algérie, une fois passée
» dans les habitudes, ayant une vaste alimentation locale et des
» débouchés ouverts au dehors, n'en persisterait pas moins et pour-
» rait parfaitement soutenir la concurrence. »

Voici en outre la conclusion de M. Hardy. Elle est de nature à amener une révolution dans l'industrie des alcools, puisqu'après avoir démontré qu'à leur prix actuel un hectare de sorgho intelli- gemment cultivé, peut donner un bénéfice net de 8,313 fr. 22 c., il termine ainsi son traité : « Ce bénéfice énorme serait en partie
» dû à la cherté actuelle des alcools ; mais en supposant même que
» ces alcools tombâssent à 70 fr. l'hectolitre, ce qui est certaine-
» ment un chiffre très-bas, le bénéfice total par hectare serait
» encore de 3,340 fr. 49 c.

» On voit de suite, par ces chiffres, quel bel avenir est réservé,
» en Algérie, à l'exploitation du sorgho sucré, lorsque des capitaux
» suffisants et employés avec intelligence et discernement y seront
» appliqués. »

CAFÉ. — Le café Martinique a aussi fait naitre des espérances, et les expériences du jardin d'acclimatation, lorsqu'elles auront été étendues dans les champs des colons , prouveront , une fois de plus , la puissance de production du sol Algérien.

ARBRES FRUITIERS. — A tous les arbres fruitiers de l'Europe qui se complaisent en Algérie , on pourrait ajouter une foule d'autres espèces précieuses qui appartiennent à des climats plus chauds et qui s'y sont parfaitement acclimatés : l'Algérie, sous ce rapport, n'a rien à envier aux contrées les plus heureusement dotées pour la variété et la belle venue de ses arbres.

ZOOLOGIE.

En parlant de la zoologie du pays , j'ai dit ce qu'étaient les animaux domestiques élevés par le cultivateur Algérien, et j'ai ajouté que j'indiquerai plus tard les moyens à l'aide desquels il était possible d'arriver à une notable amélioration : c'est une dissertation qui sera comme la péroraison de ce rapport et qui est le résultat de conversations sérieuses avec des hommes pratiques et éclairés et de notes très-développées que je dois à l'obligeance de l'un d'eux.

Les animaux domestiques de l'Algérie sont généralement , sauf le mouton , plus petits que les animaux de même espèce en Europe : cette taille plus petite est-elle un défaut capital et convient-il de chercher à le faire disparaitre , soit par le croisement , soit même par l'introduction d'une race étrangère ?

On ne le pense pas : la petitesse de la taille chez les races Algériennes est rachetée par une vivacité , une vigueur musculaire , une énergie qui compensent en grande partie la force , résultat de la masse chez les animaux Européens.

Les croisements donnent très-souvent des produits décousus et sans valeur, et les races que l'on importe perdent peu à peu leur volume, pour se rapprocher, après un certain laps de temps, du volume des races-indigènes. On peut expliquer la cause de ces changements.

Chaque sol , chaque climat ont des plantes et des animaux qui leur sont spéciaux ; le développement, les formes même des uns comme des autres , sont le résultat nécessaire du sol sur lequel ils vivent et du climat à l'influence duquel ils sont incessamment soumis.

Il serait aussi impossible de faire atteindre , par exemple , aux oliviers et aux orangers de France , la taille et le développement de ceux d'Algérie au moyen de la greffe et de l'importation , qu'irrationnel de chercher à augmenter la taille des animaux Algériens par le croisement ou l'introduction d'une race nouvelle.

Les différences que nous trouvons entre les animaux et les arbres d'Afrique quant à leur développement , ne les rencontrons-nous pas aussi en France , suivant les lieux divers où nous les examinons. Les animaux qui vivent sur les montagnes , sont-ils aussi grands , aussi volumineux que ceux qui naissent et se nourrissent sur les gras pâturages des plaines ? Ceux-ci sont-ils aussi vifs , aussi alertes que ceux des montagnes ? Non , et il doit en être ainsi , car , si les qualités des plantes sont dues à la composition du sol sur lequel elles naissent et vivent et dont l'action est modifiée par le climat , les qualités des animaux , de leur côté , sont dues à la qualité des plantes dont ils se nourrissent et à l'action du climat sous lequel ils vivent.

Chaque sol , chaque climat donnent naissance aux espèces et aux races auxquelles ils sont plus particulièrement propres : les plaines basses et fraîches , sous un climat froid et humide , donnent naissance à des herbes très-développées , mais aqueuses ; les animaux qui se nourrissent dans ces plaines , acquièrent des formes plus développées , mais leur chair est plus molle , les fibres de leurs muscles moins serrées , la chair a moins de densité : ils sont mous , parce que le tempérament lymphatique est dominant chez eux.

Sur les terrains secs et élevés , comme sous un climat plus chaud , les plantes sont plus courtes , plus sèches , mais elles contiennent , sous un même volume , bien plus de principes nutritifs , et les animaux qui s'en nourrissent sont de petite taille , il est vrai , mais leur chair est plus dense et plus riche : ils sont vifs et ardents , car chez eux , c'est le tempérament sanguin et nerveux qui domine.

Ce serait une faute que de vouloir changer les races que la nature a assignées à chaque sol et à chaque climat ; mais ce serait une faute au moins aussi grande que de laisser dépérir et dégénérer une race. S'il ne faut jamais contrarier la nature , il faut l'aider largement et avec intelligence en suivant les indications qu'elle nous donne.

La race bovine Algérienne , malgré l'état déplorable dans lequel la négligence et l'apathie des Arabes l'ont laissé tomber , peut nous fournir encore des individus admirables de formes , plus grands que la généralité des bœufs Algériens , quoique encore de petite taille , si on les compare aux races flamandes , forts , alertes et aussi propres à l'engraissement qu'au travail , et aussi des vaches parfaitement conformées qui donneraient de huit à douze litres d'un lait très-riche.

Pour améliorer la race bovine Algérienne et en faire une race parfaite, en harmonie avec la végétation et le climat Algériens , il ne s'agit que de choisir avec soin , parmi les individus qui ont résisté aux nombreuses causes de dégénérescence auxquelles ils ont été exposés , les plus beaux taureaux et les meilleures vaches, et de les accoupler ; on obtiendra de très-beaux produits qui , sous l'influence d'un meilleur régime , s'amélioreront encore et donneront naissance à leur tour à des animaux plus parfaits encore que leurs parents. Les qualités des animaux ainsi obtenus se maintiendront et formeront une race solide et constante , parce qu'elle aura acquis ces qualités sous l'influence d'une nourriture et d'un climat qui ne changeront pas. En d'autres termes, il faut améliorer la race par elle-même , au moyen d'un bon régime et d'un accouplement judicieux.

Tout ce qui vient d'être dit pour la race bovine , peut et doit s'appliquer avec d'autant plus de raison à la race ovine, que cette race est , en Afrique , beaucoup moins dégénérée que la première et y présente de très-beaux types.

Salubrité. — Un mot maintenant , Messieurs , sur un objet très-important au point de vue de la colonisation , sur la salubrité de l'Algérie.

On a beaucoup écrit pour et contre la salubrité. Quelques personnes ont considéré l'Afrique comme un pays essentiellement insalubre ; d'autres ont prétendu qu'il était la contrée peut-être la plus saine du globe. Les uns et les autres ont exagéré.

L'Algérie est un pays sain , plus sain que la plupart des contrées situées sous la même latitude, et même plus au nord; mais l'Algérie n'est pas suffisamment peuplée. Trop vaste pour sa population , son territoire a été négligé. Des sources, qui ne trouvant pas un écoulement facile se sont répandues à la surface du sol , ont formé des marais et par conséquent des eaux stagnantes d'autant plus dangereuses que la température est plus élevée. Lors des grandes crues , les rivières obstruées par les matières solides que les eaux entraînent avec elles, laissent déborder ces mêmes eaux et donnent naissance à de nouveaux marécages; mais ces marais seraient assainis , pour la plupart, à très-peu de frais et d'une manière très-profitable à la santé comme à l'agriculture.

La cause la plus générale et la plus énergique des fièvres intermittentes et des dyssenteries , se trouve dans la différence de température entre le jour et la nuit. A une température chaude et sèche , ardente le jour, succède une température fraîche et humide pendant la nuit ; les organes des nouveaux colons n'étant pas encore façonnés à ces brusques changements , en sont dangereusement affectés. Aussi est-il important pour eux de faire usage de la flanelle et d'une ceinture de laine qui préserve l'abdomen du refroidissement; de bien se couvrir la tête ; de se couvrir d'un vêtement supplémentaire lorsque l'on est obligé de se tenir dehors pendant la nuit ; d'éviter de tenir, pendant la nuit, les fenêtres des habitations ouvertes; et d'avoir , à sa portée , une couverture supplémentaire en laine, pour en faire usage vers les deux ou trois heures du matin, heure la plus froide et la plus humide de la nuit.

Les boissons spiritueuses sont dangereuses en Algérie et prédisposent aux inflammations de la tête et des organes digestifs déjà surexcités par la chaleur du climat; l'usage du café est très-salutaire. En un mot, être sobre et éviter les refroidissements sont les deux conditions hygiéniques les plus importantes et presque les seules indispensables.

En résumé, l'Algérie, pour des émigrants prudents et sobres, est un pays sain et qui s'assainit chaque jour davantage par la culture et les plantations.

Voici la moyenne des décès officiellement constatés : en 1852, de 5,17 %; en 1853, de 4,13 %, et en 1854, de 4,9 % seulement.

De tout ce que je viens de vous dire, Messieurs, il résulte que notre belle colonie Algérienne renferme en elle des éléments innombrables de richesse et de prospérité ; mais pour féconder ces trésors, il faut des capitaux et des bras. Bientôt ces capitaux et ces bras ne manqueront pas à l'Afrique, car des compagnies puissantes s'organisent, et en même temps que des demandes sont faites pour des concessions considérables de terre, des demandes sont faites aussi pour des chemins de fer et pour des travaux publics.

Pour savoir ce qu'est l'Afrique Française aujourd'hui, il est utile de récapituler qu'elle a produit, en 1854, près de 10,000,000 d'hectolitres de céréales et farineux d'une valeur de près de 138,000,000 fr.; des tabacs pour une somme considérable, des cotons de première qualité, de l'huile d'olives pour une valeur de deux millions et demi, des laines pour un million et demi, des légumes pour un million de francs, et une foule d'autres objets;

Que les importations qui, en 1852, étaient de 65,392,044 fr., et en 1853, de 72,788,015 fr., se sont élevées, en 1854, à 81,234,447 fr.; que les exportations qui, en 1852, n'étaient que de 21,554,519 fr., s'élevaient, en 1853, à 30,782,592 fr., et atteignaient, en 1854, le chiffre de 42,176,068 fr.; et qu'enfin l'ensemble du mouvement commercial qui, en 1852, n'atteignait que le chiffre de 86,946,560 fr., se montait déjà, en 1853, à 103,570,607 fr., et allait, en 1854, jusqu'au chiffre de 123,410,515 fr.

Voici, Messieurs, ce qu'est l'Afrique Française, ou pour parler plus exactement ce qu'elle était à la fin de 1854, et il est avéré qu'elle a fait encore depuis lors de notables progrès.

Pour savoir ce qu'elle peut être dans l'avenir et quelles destinées lui sont réservées, il suffit de dire que ce pays si vaste, si fertile, est à peine occupé aujourd'hui par la culture ; qu'à peine un quarantième de sa surface est soumis à la charrue Arabe ou Européenne ; que la culture Européenne n'a pas pris possession de plus de 100,000 hectares ; que sa population totale ne s'élève pas au huitième de ce qu'elle doit être ; qu'il n'y a encore ni routes pour le transport des produits, ni barrages pour utiliser les eaux, ni ponts, ni ports, enfin rien ou presque rien de ce qui constitue une nation civilisée et de ce qui facilite sa production, l'industrie et le commerce ; que la plupart des riches cultures industrielles, arborescentes ou herbacées, qui doivent faire sa fortune et celle de la métropole, n'existent encore qu'à l'état d'essai ou n'occupent que des surfaces insignifiantes ; que ses immenses forêts d'oliviers ne sont pas encore exploitées ; qu'il en est de même de ses belles forêts de chêne-liége et de bois de charpente ou d'ébénisterie, et que son industrie enfin se trouve encore à l'état rudimentaire.

Pour des causes impérieuses qu'il ne m'appartient pas de juger au sein d'une société savante et nullement politique, ce beau pays a coûté, pendant 25 ans, plus de deux milliards à la France ; il a été arrosé par le sang généreux de milliers de ses enfants, et cependant nous entrons à peine dans les voies d'une colonisation large et sérieuse. Mais cet or et ce sang ne sont pas perdus, Messieurs ; ils seront, pour nous, une semence précieuse dont nous récolterons bientôt les fruits.

L'Algérie est, aujourd'hui, complètement pacifiée ; son sol, foulé, depuis des siècles, par des légions de conquérants qui l'ont successivement occupé, va être fertilisé par les pacifiques légions du travail. La civilisation va succéder enfin à la barbarie, et l'Arabe civilisé renaîtra aux beaux jours de sa splendeur et de sa gloire. S'il ne peut reconquérir sa nationalité, il se fondra dans la nationalité Française, à laquelle il aura dû son émancipation et son bonheur ; il fera partie du grand peuple.

La tâche de la civilisation et de la colonisation de l'Algérie est une grande et noble tâche : elle ouvrira dans l'histoire une ère nouvelle à laquelle sera attaché le nom de l'homme de génie et d'énergique volonté qui a sauvé la France de l'anarchie des passions, et qui aura délivré l'Afrique de la barbarie. Oui, Messieurs, je ne puis mieux faire, en terminant ce rapport, que de répéter les paroles de S. Exc. le Président du Sénat à Sa Majesté Napoléon III, et de dire comme lui : « L'Afrique, poussée en avant par la main » puissante du digne successeur de Napoléon le Grand, sera l'un des » plus beaux fleurons de sa couronne Impériale. »

NOTE DE L'AUTEUR.

Il n'a pas été question, dans ce mémoire, des résultats de la culture *pour l'année 1855*, parce qu'au moment de sa rédaction et même de sa lecture, les renseignements officiels sur ce sujet n'avaient point encore été publiés et qu'on ne voulait rien écrire de hasardé ; mais ils l'ont été depuis, par les soins de S. Exc. le Ministre de la Guerre, et ils attestent, comme du reste tout le faisait pressentir, de nouvelles améliorations dans les cultures, de même que des produits meilleurs, plus variés et plus considérables.

Ainsi l'Algérie marche régulièrement, quoique lentement, dans le progrès, et la colonisation acquiert, chaque année, de nouvelles forces.

www.ingramcontent.com/pod-product-compliance
Lightning Source LLC
Chambersburg PA
CBHW071238200326
41521CB00009B/1527